PROFESSIONAL
ENGINEER
CONSTRUCTION
SAFETY

건 설 안 전 기 술 사

실전면접

한경보 · Willy.H 저

기술사 면접시험에서 질문에 답변을 잘하였고, 분위기도 좋았는데 불합격되어 혼란스러워 하는 수험생이 많습니다. 필기시험에 합격한 일부 수험생은 면접시험에 2년간 응시하고도 최종 탈락하기도 합니다. 이는 면접의 취지를 잘 모르기 때문이며, 기술사 면접은 단순하게 지식수준만을 확인하는 과정이 아닙니다. 특히, 건설안전기술사는 기술사 종목 중 면접 합격률이 가장 낮다는 점도 인지해야 합니다.

그러나 면접과정도 시험의 일부라고 생각하고 차근차근 준비하면 충분히 대비할 수 있으며, 알아 두어야 할 면접관의 평가항목을 안내해 드립니다.

> 첫째, 전문지식수준
> 둘째, 응용력
> 셋째, 창의력
> 넷째, 일반상식
> 다섯째, 품위

면접관은 위의 다섯 가지 항목을 기준으로 채점하며, 항목별 배점기준도 정해져 있습니다. 즉, '몇 개 질문에 몇 개 답변하였으니 60점을 받을 거야'라고 나름대로 판단하면 곤란합니다. 기술사 면접시험 요령을 간략하게 설명하겠습니다.

> 1. 면접문제도 단답형과 논술형으로 구분됩니다.
> 2. 질문받은 내용만 간략하게 설명하기보다는 의도를 파악하고 기승전결로 전개하여 답변하십시오.
> 3. 모르는 문제를 제시받아도 생각할 시간을 만들어 유사한 답변이라도 하십시오.
> 4. 면접은 시작만큼 마무리도 중요합니다. 면접을 마치고 나올 때의 태도까지 평가받는다고 생각하십시오.

본 교재는 면접에 필요한 내용을 체계적으로 정리하여 비교적 단기간에도 대비할 수 있도록 구성하였으며 면접과 연관성이 없는 부분은 과감하게 생략하였습니다. 따라서 시험 전에 몇 번 정독하시면 좋은 결과가 있을 것입니다.

건설안전기술사는 이미 건설인이 가장 열망하는 대표기술사이며, 그만큼 이 종목에 응시하는 수험생의 수준도 높습니다. 그러므로 철저하게 준비하여 면접을 통과해야 건설안전기술사 자격을 획득한다는 점을 재차 강조하고 여러분께 합격의 영광이 있기를 기원합니다.

저자 한경보

PART 07 토공사 안전대책

PART 08 추락재해 방지대책

PART 09 건설기계 안전대책

PART 10 거푸집공사 안전대책

PART 11 철근공사 안전대책

PART 12 콘크리트공사 안전대책

PART **13** 철골/창호공사

PART **14** 교량

PART 15 터널

PART

01

개인 이력카드
작성사례

ACTUAL
INTERVIEW

개인 이력카드 작성사례 1

○○○○년 정기 기술사 ○○○회 실기 수험자 이력카드 내용 확인

◆ 인적사항

응시자격종목	건설안전기술사	수험번호	
성명		주민등록번호	

◆ 자격취득사항

자격취득종목	취득연월일	발행기관
건축시공기술사	20××−××−××	한국산업인력공단

◆ 경력사항

근무연한	담당 업무내용
1년 3개월	○○아파트 재건축 : SCW 공법, Plus−Deck 공법, 철근 압접공사, 블록공사
2년 4개월	○○아파트 재개발(1,722세대) : SDA 공법, AFB 공법, PC 공사, 알폼공사
1년 7개월	○○아파트 재개발(1,381세대) : CIP 공법, 항타기 천공 및 항타, 도장 외부로프공사
2년 5개월	○○아파트 신축공사 : 흙막이 E/A 공법, RCS 공법(4Day Cycle)
3년 3개월	○○아파트 재건축(2,644세대) : LW 공법, 갱폼/알폼공사, 옥탑기계, CS업무
2년 6개월	○○오피스텔 신축공사 : Gang Form, MRS 공법, 시스템동바리, T/C 설치공사
1년 1개월	○○주상복합 신축공사 : H−Pile 토류판 공법, Gang Form, 견출 외부로프 공사

개인 이력카드 작성사례 2

○○○○년 정기 기술사 ○○○회 실기 수험자 이력카드 내용 확인

◆ 인적사항

응시자격종목	건설안전기술사	수험번호	
성명		주민등록번호	

◆ 자격취득사항

자격취득종목	취득연월일	발행기관
건축기사	20××－××－××	한국산업인력공단
건축시공기술사	20××－××－××	한국산업인력공단

◆ 경력사항

근무연한	담당 업무내용
2년 10개월	○○주상복합 신축공사 : 시스템 동바리 · 비계
2년 6개월	○○시 공동주택(원룸형) 신축공사 : 스틸시트파일, 조적주택 하자보수, 한중콘크리트, 방동제
1년 10개월	○○오피스텔 리모델링공사 : 일부 사용 중 해체/증축, 경량벽체+도막방수, 낙하물 방지시설
2년 4개월	○○지구 아파트 건설공사 : H파일+토류판, PC+데크 플레이트, 외벽 및 옥상철골 조형물
3년 2개월	○○재건축 아파트 건설공사 : 오픈컷, SIP+T4, 갱폼, T/C와이어로프 지지
1년 5개월	○○사옥 신축공사 : PHC파일+매트기초, 도심지공사, 사전조사 및 계측관리, 주민설명회
1년 8개월	○○군단 병영시설 개선공사 감독 : 탄소섬유 보강, 기둥단면 증대, 드라이비트 강관비계

개인 이력카드 작성사례 3

○○○○년 정기 기술사 ○○○회 실기 수험자 이력카드 내용 확인

◆ 인적사항

응시자격종목	건설안전기술사	수험번호	
성명		주민등록번호	

◆ 자격취득사항

자격취득종목	취득연월일	발행기관
토목기사	20×× – ×× – ××	한국산업인력공단

◆ 경력사항

근무연한	담당 업무내용
1년 10개월	○○교회 부지조성공사 도로(ACP)
2년 2개월	국도 2호선 ○○지구 교차로 개선공사
3년	○○지구 하천환경정비사업 제방
2년 3개월	○○~○○ 간 도로 확포장공사 도로
3년	○○~○○ 간 도로 확포장공사 도로
2년 5개월	○○~○○ 간 지방도 확포장공사 도로
2년	○○~○○ 간 도로 확포장공사 도로

개인 이력카드 작성사례 4

○○○○년 정기 기술사 ○○○회 실기 수험자 이력카드 내용 확인

◆ 인적사항

응시자격종목	건설안전기술사	수험번호	
성명		주민등록번호	

◆ 자격취득사항

자격취득종목	취득연월일	발행기관
토목시공기술사	20×× – ×× – ××	한국산업인력공단
토목기사	20×× – ×× – ××	한국산업인력공단

◆ 경력사항

근무연한	담당 업무내용
5년 8개월	○○기업도시(토목) 조성공사/절성토공
4년 1개월	○○기업도시(토목) 조성공사/생태교량공(파형강판), 하천교량공(WPC 거더공법)
5년 2개월	○○~○○ 간 도로 및 포장공사/연약지반공
3년 2개월	○○~○○ 간 고속도로 건설공사(제○공구)/터널공(NATM 발파)
2년 1개월	○○건설 토목공사팀 · 현장실정보고 검토, 외주계약검토 등
2년 2개월	육군 공병/○○지역 진입도로 포장공사

개인 이력카드 작성사례 5

○○○○년 정기 기술사 ○○○회 실기 수험자 이력카드 내용 확인

◆ 인적사항

응시자격종목	건설안전기술사	수험번호	
성명		주민등록번호	

◆ 자격취득사항

자격취득종목	취득연월일	발행기관
건축기사	20××－××－××	한국산업인력공단

◆ 경력사항

근무연한	담당 업무내용
3년	○○시 한강 나들목 신설 및 개선공사 관리(한강 공원 접근 개선)
7년 9개월	○○시 아스팔트 포장도로 유지 · 관리(소성변형 저감대책 수립 시행)
6년 10개월	○○시 다리 확장공사(6차로→12차로), ○○구간 터널공사(NATM 공법) 감독업무
6년 1개월	○○시 하천 자연형 하천 복원공사 감독업무(친수공간 확보)
4년 1개월	○○시 하천 제방보강 공사(저수로 정비 및 제방축제) 감독업무

PART

면접사례

ACTUAL
INTERVIEW

면접사례 1

📝 면접관 1

Q 1.
이력카드를 보니 LW 공법에 대한 경험이 있는데 LW 공법 시공 시 안전 유의사항에 대해 설명해 보십시오.

답변 : 주열식 흙막이 CIP 파일 배면에 차수를 목적으로 LW 공법을 채택하였습니다. 지하 굴착공사 동안 용탈현상에 의한 차수성능이 저하되지 않도록 성능유지 기간이 중요합니다. 또한 시공 시 장비를 사용하기 때문에 장비에 대한 사전검사와 작업반경, 관계자외 출입금지, 작업 전 안전교육 등 전반적으로 안전대책을 세워 현장을 관리해야 합니다.

Q 2.
호이스트 종류와 방호장치에 대해 아는 대로 설명해 보십시오.

답변 : 자동식과 운전원이 있는 수동식이 있으며 최근 건설현장에서는 자동식을 많이 사용합니다.

Q 3.
그럼 자동식과 수동식 중 어느 것이 더 좋다고 생각하십니까?

답변 : 안전 면에서는 수동식이 더 좋다고 생각합니다. 자동식은 운행 중 고장이 종종 발생하는데 이때 근로자들이 강제로 수동 모드로 쓰거나, 각종 불안전한 행동을 하기 때문입니다. 반대로 수동식은 전담 운행원이 있어서 상대적으로 고장률도 적고, 고장 시 A/S 접수및 수리 조치가 신속하게 이루어집니다.
호이스트에는 방호장치는 과상승방지장치, 비상정지장치, 경보장치 등이 있으며 최초설치 후 6개월 이내마다 점검을 해야 합니다.

Q 4.
PHC 말뚝의 검사방법을 설명해 보십시오.

답변 : 말뚝 두부파손 여부, 종방향 크랙, 횡방향 크랙, 말뚝 이음부 품질 상태 등을 검사해야 합니다.

Q 5.
하인리히의 재해구성비율에 대해 설명해 보십시오.

답변 : 재해는 1 : 29 : 300의 비율로 발생하며 1건의 사망 또는 중대재해가 발생하기까지 29건의 경상해, 300건의 무상해 무손실 사고, 즉 아차 사고의 비율로 발생한다는 이론입니다.

Q 6.
위험성 평가(순서, 방법) 등에 대해 자세히 설명해 보십시오.

답변 : 위험성 평가는 사업주가 실시하여야 하는 것으로 건설현장에서는 사업주를 대신하여 현장대리인이 실시합니다. 해당 공정의 도래 전에 안전관리자, 관리감독자, 협력업체 대표, 소장, 작업반장 등이 모여 자재 반입부터 시공, 완료, 정리정돈까지 모든 잠재위험요소에 대해 안전대책을 수립하고 현장에서 이를 토대로 관리 감독합니다. 또한 위험도를 상중하로 나누어 고위험 작업은 위험도를 빨간색으로 '상'으로 표기하는 식의 방법으로 위험성 평가표를 작성하여야 합니다.

면접관 2

Q 1.
어스앵커공법 시공 시 어떤 방법으로 했습니까? (이력카드 연관 질문)

답변: 인발식으로 했습니다.

Q 2.
어스앵커 제거 시 유의사항이 무엇입니까?

답변: PS 강선을 비스듬히 잡아당기지 않아야 하며, 기계 장비와 충돌이나 협착 등 안전사고
발생의 위험이 있기 때문에 강선 뒤쪽에 근로자가 서 있으면 안 됩니다.

Q 3.
어스앵커와 소일네일링의 차이점에 대해 설명해 보십시오.

답변: 어스앵커는 긴장재로 PS 강선을 사용하고 소일네일링은 강봉을 사용합니다.
어스앵커는 지지방식이 토압 발생을 근본적으로 차단하는 것이며, 소일네일링은 발생
토압에 중력식으로 저항하는 것입니다.

Q 4.
건설장비 안전검사에 대해 설명해 보십시오.

답변: 모든 건설장비는 현장반입 전에 외부 전문기관에서 안전검사를 받은 후 현장에 반입되
어야 합니다. 안전검사 방법으로는 대표적으로 비파괴 검사가 있는데 먼저 MT 자분탐
상을 실시하여 아웃트리거, 지브 등의 용접결함을 검사하고, UT 초음파탐상으로 용접
부위 외의 볼트나 붐대의 내부 결함이 있는지 검사하여야 합니다. 검사 완료 후 적정
판정을 받은 검사표를 확인하고 이와 별도로 현장의 안전관리자, 관리감독자는 건설장
비에 대한 검사를 실시하여야 합니다.

면접관 3

Q 1.
시설물의 중대한 결함에 대해 설명해 보십시오.

답변 : 시설물의 중대한 결함이란 공중의 안전에 위협이 되는 결함으로 기초의 세굴, 교량 교좌
장치 파손, 교각의 부등침하, 터널 복공부위 결함, 건축물 내력벽 손실, 관로 이음부의
부식 등이 있으며, 안전점검 또는 안전진단을 통해 적절한 보수 보강을 실시해야 합니다.

Q 2.
하인리히의 재해예방 5단계를 설명해 보십시오.

답변 : 1단계 : 조직(안전관리조직) – 안전관리자 선임
　　　2단계 : 사실의 발견(현상파악) – 사고 및 활동기록 검토
　　　3단계 : 분석(원인분석) – 관계자료 분석
　　　4단계 : 대책수립 – 기술적, 교육적, 관리적 대책수립
　　　5단계 : 실시 – 목표설정, 3E 대책을 실시하는 것입니다.

Q 3.
건축물 중 1종, 2종, 3종 시설물에 대해 설명해 보십시오.

답변 : 시설물의 안전 및 유지관리에관한 특별법에 따라 1종, 2종, 3종 시설물이 있습니다.
1종 시설물이란 공동주택을 제외한 21층 이상 또는 연면적 5만 제곱미터 이상인 건축물
을 말하고, 2종 시설물은 16층 이상의 공동주택 그리고 대통령령으로 지정된 1종 시설
물 이외의 시설물을 말하며, 3종 시설물 중 건축물은 높이 11층 이상, 연면적 5천
제곱미터 이상인 건축물을 말합니다.

Q 4.
건설현장에서의 재해예방 안전활동에 대해 설명해 보십시오.

답변 : 건설현장에서의 재해예방 안전활동으로는 지적확인, 5C운동, 터치 앤드 콜, T.B.M,
브레인스토밍 등 여러 가지 기법이 있으며, 건설현장에서 근로자의 안전의식 고취를
위해 안전교육이 중요하다고 생각합니다. 사람의 본성은 고치기 힘들지만 사람의 행동
은 교육을 통해 고칠 수 있기 때문에 아침조회 시간에 현장순회 점검 시 지속적 주입교육
으로 근로자의 불안전한 행동을 제어할 수 있다고 생각하고 있습니다.

Q 5.
유해 · 위험방지계획서와 안전관리계획서의 차이점은 무엇입니까?

답변: 유해 · 위험방지계획서는 산업안전보건법에 따라 근로자의 안전 · 보건 유지 증진을
위해 작성하며 안전보건공단의 심사를 받습니다. 안전관리계획서는 건설기술 진흥법
에 따라 건설공사 품질 및 공사장 주변 안전대책을 위해 1 · 2종 시설물 및 고위험
공정을 포함한 건설공사는 국토안전관리원의 심사를 받으며, 안전관리계획서와 유
해 · 위험방지계획서의 작성대상은 대동소이합니다.

Q 6.
통합계획서 작성 시 굴착공사 분야 안전대책에 대해 설명해 보십시오.

답변: 굴착공사 전 사전조사를 실시하여 현장에서의 시추조사를 통해 지하 수위 레벨, 토질의
구성 등을 사전에 파악하여 현장여건에 적합한 흙막이 공법과 지하수 대책을 수립하여
야 합니다.
굴착 시 흙막이의 건전도를 확보하여야 하는데 이는 계측을 통해 주기적으로 확인하여
야 하며 초기치에서의 변동 확인이 무엇보다 중요하고 굴착장비 선정, 굴착방향, 토사
배출 및 반출 계획, 차량 동선 등 전체적인 계획수립 또한 중요합니다.

면접사례 2

면접관 1

Q 1.
자기소개를 하십시오.

답변 : 저는 ○○○○○○○에서 근무하고 있습니다.

현재 공사금액 3억 원 이상~120억 원 미만 중소규모 현장의 재해예방을 위한 기술지원, 가설공사 설치 기준 검토, 산업안전보건관리비 적정 사용 검토, 공사관계자 교육 실시 등 전담 안전관리자가 지정되지 않은 현장의 기술지도를 담당하고 있습니다. 또한 공사금액 120억 원 이상 800억 원 미만 사업장 중 시공능력 1000위 이내이며, 환산재해율 상위 30% 이내(2017년 기준 0.29) 사업장의 자율안전컨설팅 업무도 담당하고 있습니다.

Q 2.
토공사 시 계측기의 종류, 측정시기 및 빈도에 대해 설명해 보십시오.

답변 : 토공사의 계측기는 하중계, 변형률계, 토압계, 간극수압계, 지하수위계, 지중경사계, 수직변위계, 레벨기, 지표침하계, 균열측정기, 기울기측정기가 있으며, 계측기 설치 후, 공사 진행 중, 공사 완료 후 측정하며, 측정 시기는 설치 후 7일간은 매일 측정하며, 2~4주간은 주 2회 정도 측정, 5주 이상은 주 1회 측정하며 변화 발생 시 매일 측정합니다.

Q 3.
굴착면 구배기준에 대해 설명해 보십시오.

답변 : 굴착면의 구배기준은 보통흙과 암반으로 구분하며, 보통흙 건지는 1 : 0.5~1 : 1이며, 습지는 1 : 1~1 : 1.5입니다. 암반의 풍화암은 1 : 0.8, 연암은 1 : 0.5, 경암은 1 : 0.3입니다.(수평 : 수직)

Q 4.
소단 설치기준에 대해 설명해 보십시오.

답변 : 소단 설치는 높이 5m 이내마다입니다.

Q 5.
철근 운반 시 안전대책에 대해 설명해 보십시오

답변 : 철근 운반 시 안전대책은 인력운반, 기계운반, 감전사고 예방으로 구분할 수 있으며, 인력운반 시 1인당 무게는 25kg 이내, 2인 1조, 양끝을 묶어서 운반하며, 신호 체계 확립 및 준수를 해야 합니다. 기계운반 시에는 관리감독자 배치, 정격하중 초과금지, 관계자 외 출입금지 조치 및 비계/거푸집 등에 대량 철근의 적치를 금지해야 합니다. 철근운반 시 감전사고 예방을 위해서 운반 작업하는 바닥 부근에 전선 배선 금지, 전선 과의 이격거리 2m 이상 확보해야 합니다.

Q 6.
달비계 조립 및 사용 시 안전대책에 대해 설명해 보십시오.

답변 : 조립, 사용 시 관리감독자 지휘하에 작업 진행하며, 와이어로프 및 강선의 안전계수는 10 이상 확보, 허용하중 준수, 작업발판의 폭 20cm 이상, 발끝막이판 10cm 이상, 안전난간 설치, 권양기에는 제동장치 설치 등이 준수되어야 합니다.

Q 7.
와이어로프 폐기기준은 무엇입니까?

답변 : 소선 10% 이상 절단된 것, 공칭지름의 7% 이상 감소된 것, 꼬인 것, 심하게 부식된 것입니다.

Q 8.
연천인율과 강도율에 대해 설명해 보십시오.

답변 : 연천인율은 근로자 1000명당 발생하는 근로자 수를 말하며, 강도율은 재해자의 상해 정도의 비율을 말합니다.

Q 1.
기사와 기술사의 차이점은 무엇이라고 생각하십니까?

답변 : 기사는 4년제 대학 졸업 전에 이론 공부를 통해 취득할 수 있으며, 기술사는 이론과 더불어 현장 경험, 경력이 필요하며, 건설현장에서 안전 확보를 위한 조언 및 컨설팅을 할 수 있어야 합니다.

Q 2.
사전 안전성 평가에 무엇이 있습니까?

답변 : 사전 안전성 평가에는 산업안전보건법에 따른 유해 · 위험방지계획서와 건설기술 진흥법에 따른 안전관리계획서가 있습니다.

Q 3.
사전 안전성 평가의 목적은 무엇입니까?

답변 : 사전 안전성 평가를 통해 작업 전 유해 · 위험 요인 파악 후 안전대책 수립을 통한 근로자 보호입니다.

Q 4.
사망사고 발생 시 조치는 무엇입니까?

답변 : 사망사고 발생 시 현장 보존 후 구급차를 기다리며, 응급조치를 실시해아 하고 즉시 관할노동청에 보고해야 합니다.

Q 5.
기술사 취득 목적은 무엇입니까?

답변 : 저의 업무는 중소규모 현장의 안전관리를 담당하는 것인데, 보다 전문적인 지식을 갖추어 기술지도를 통해 재해예방에 앞장서고 싶습니다. 건설안전기술사로 사명감을 갖고 소규모 현장의 안전기준 정립에 최선을 다하고 싶습니다.

Q 6.
향후 계획은 무엇입니까?

답변 : 대학원에 진학할 예정입니다. 건설 현장의 안전을 위해 전문성을 기르도록 노력할 것이며, 우리나라 산업재해 예방을 위해 힘쓰겠습니다.

Q 1.
추락 방지망 설치기준에 대해 설명해 보십시오.

답변 : 추락 방지망은 테두리 로프, 방망, 시험용사 등으로 구분되며, 테두리 로프는 1500kg 이상, 방망은 240kg 이상 강도가 확보되어야 합니다. 철골 공사 시 10m 이내마다 설치하도록 되어 있습니다.

Q 2.
추락방지망과 낙하물 방지망의 차이점은 무엇입니까?

답변 : 낙하물 방지망은 구조체 외측에 수평길이 2m 이상, 20~30도 사이로 설치하게 되며, 낙하물 방지에 이용됩니다.

Q 3.
클린사업장 조성지원에 대해 설명해 보십시오.

답변 : 클린사업장 조성지원은 외부 시스템비계 설치 시 일정금액 지원을 통해 안전성을 확보하며 지자체별로 노동청 감독을 면제해 주는 사업입니다.

Q 4.
클린사업장 조성지원 대상은 무엇입니까?

답변 : 총공사금액 20억 원 이하, 도급순위 700위 밖에 있는 종합건설사입니다.

Q 5.
건설기술 진흥법에 따른 구조검토 의무화 대상공사 범위는 무엇입니까?

답변 : 2m 이상 흙막이 지보공, 5m 이상 거푸집동바리, 일체형 비계 등이 있습니다.

산업안전보건법에 따른 정부 책무, 사업주 의무, 근로자 의무에 대해 아는 대로 설명해 보십시오.

답변 : 산안법상 정부의 책무는 산업재해 예방을 위한 정부차원의 사업주 간담회 실시 및 의식 개선을 위한 교육 지원이고, 사업주는 현장 근로자의 안전 · 보건 확보를 위한 교육 및 건강검진, 안전시설을 제공해야 하며, 근로자는 사업주가 시행하는 산업재해 방지조치를 준수해야 합니다.

📝 면접관 1

Q 1.
타워크레인 제조부터 현장설치까지의 전과정에서 검사내용과 시험항목에 대해 설명해 보십시오.

답변 : 타워크레인은 안전인증 대상 기계이며 안전검사대상 기계입니다. 현장 설치 시 인증이 필요하며 6개월에 1회 이상의 안전검사를 하여야 하고 검사내용은 과부하방지장치, 권과방지장치, 비상정지장치, 해지장치 등 방호장치, 마스터 볼트연결부위 와이어로프 상태 및 통과부위 점검입니다.

Q 2.
거푸집동바리에서 검토해야 할 하중의 종류는 무엇입니까?

답변 : 거푸집동바리에 작용하는 하중에는 연직방향하중, 측압 및 수평방향하중, 특수하중 등이 있습니다. 연직방향하중에는 고정하중, 작업하중 및 충격하중이 있으며 고정하중은 생콘크리트 하중으로 2.4톤, 작업하중은 강도계산 시 $360kgf/m^2$, 처짐계산 시 $180kgf/m^2$, 충격하중은 강도계산 시 고정하중의 50%, 처짐계산 시 25%입니다.

Q 3.
거푸집동바리의 안정성 검토를 하는 이유는 무엇입니까?

답변 : 거푸집동바리의 변형 시 시공품질뿐만 아니라 작업 중 붕괴 등 안전상의 문제가 발생하므로 안전성확보와 시공품질 향상을 위하여 안전성 검토를 실시합니다.

Q 4.
거푸집동바리에 사용하는 부재의 종류에 대해 설명해 보십시오.

답변 : 강관파이프 동바리, 강관틀 동바리, 시스템 동바리 등을 많이 사용하는데 최근에는 클린사업장지원사업 등으로 시스템동 바리를 많이 사용하는 추세로 가설재 안전확보에 긍정적인 효과를 거두고 있습니다.

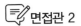 **면접관 2**

Q1.
개축공사 작업 중 안전조치에 대해 설명해 보십시오.

답변 : 개축공사의 특성상 도심지에서 행하는 경우가 많으므로 낙하물 방호망, 방호선반을
설치하여 낙하비래에 대한 주민피해를 방지하여야 합니다. 또한 외부비계 등에 작업발
판, 안전난간 등을 설치하고 안전모, 안전대 등을 사용하여 추락재해를 예방하여야
하며, 특히 달비계 등을 사용할 때에는 안전율을 10 이상 확보하고 운반구에 안전난간
을 설치하고 한쪽으로 편중이 가지 않도록 조치해야 합니다. 권양기의 브레이크 장치를
점검하고 와이어로프의 상태 점검 및 적재하중 준수 등이 안전관리의 중점사항이라
생각합니다.

Q2.
해체공사 전과 해체공사 중 취해야 할 안전조치에 대해 설명해 보십시오.

답변 : 공사 전에는 구조물의 구조상태, 치수, 층고, 전기 설비 등의 배관상세 그리고 주변상
황, 부지여부, 주변건물, 거주자 통행 등에 대한 면밀한 검토 등이 필요하며 이를 근거로
해체공법 해체계획서를 작성해야 합니다. 작업 중 방호설비 등의 점검과 작업자에
대한 특별안전교육 등을 통하여 불안전한 행동 등에 대한 관리가 필요하고 최근 이동식
크레인 전도사고를 통해서 보았듯이 사용장비에 대한 관리가 중요합니다. 구체적으로
장비에 대한 점검, 특히 지반침하로 인한 장비 전도 등에 대한 안전관리가 필요합니다.

Q3.
경사진 거푸집에 시스템 동바리 설치 시 중점 관리사항 2가지를 설명해 보십시오.

답변 : 시스템 동바리 하단부에 단차가 있는 등의 조건을 잘 확인하고 기초침하나 수평을
유지하는 것이 중요하며 상부 거푸집을 받치는 부분에 이격이 생겨 타설 시 처짐이나
변형이 생기지 않도록 중점 관리하여야 합니다.

답변 : 히빙현상은 점성토지반에서 굴착저면과 배면의 토압차이에 의해서 굴착저면이 부풀어오르면서 연약화되는 현상입니다. 원인으로는 상재하중, 토압차에 따른 흙막이 근입장 부족, 굴착저면 피압수 등이 있으며 방지대책에는 상재하중 제거, 배면표토 제거, 근입장 깊이 연장, 굴착저면 그라우팅이 있습니다.

보일링현상은 사질토지반에서 굴착저면과 배면의 지하수위 차이로 인하여 굴척저면에서 모래와 물이 끓어오르는 현상으로, 흙막이 붕괴와 매설물 파괴 등의 피해를 줍니다. 방지대책으로는 지하수위 저하, 근입장 깊이 연장, 굴착저면 그라우팅 등의 방법이 있으며, 특히 지하수위 저하 시 주변지반의 압밀침하가 발생할 수 있으므로 복수공법 등의 대책을 병행해야 합니다.

면접관 3

Q1.
교육의 3요소는 무엇입니까?

답변 : 강사, 피교육자, 교재입니다.

Q2.
교육지도의 8원칙을 설명해 보십시오.

답변 : 피교육자를 중심으로, 한 번에 하나씩, 쉬운 것에서 어려운 것 순으로, 반복해서, 인상의 강화, 오감 활용, 기능적인 이해입니다.

Q3.
해체 시 석면조사 대상 규모를 설명해 보십시오.

답변 : 연면적 해체면적의 합계가 50m² 이상인 건축물, 연면적 해체면적의 합계가 200m² 이상인 주택, 분무재, 내화피복재, 실링 등 유사재료 부분 합계가 15m² 이상 또는 부피 합계가 1m³, 파이프 단열재 부분 합계 길이가 80m 이상인 경우입니다.

Q4.
작업중지를 해야 하는 경우를 설명해 보십시오.

답변 : 산안법에서는 중대재해 발생 시, 악천후 시, 급박한 위험이 있다고 판단 시이고, 건진법에서는 설계도서와 상이 시, 시방서와 상이 시, 기타 관련 서류와 상이 시이며, 지하안전법에서는 사후지하안전영향조사 부적정 시입니다.

Q5.
중대재해 요건은 무엇입니까?

답변 : 사망자가 1명 이상 발생한 재해, 3개월 이상 요양해야 하는 부상자가 동시에 2명 이상 발생한 재해, 직업성 질병자가 동시에 10명 이상 발생한 재해입니다.

답변 : 현장에서 활동하며 많은 아차사고와 크고 작은 재해를 경험하였습니다. 많이 부족하지만 부단한 노력과 학습을 통해 건설재해를 줄이는 데 보탬이 되는 안전인이 되겠습니다. 감사합니다.

면접사례 4

면접관 1

Q 1.
복공판 위에서 작업 시 상부에서 크람셀로 토사를 나를 때 안전사항에 대해 설명해 보십시오.

답변 : 복공판 위에 크람셀이 있을 때 토사의 낙하에 의한 사고가 발생하기 쉽기 때문에 하부를 통제하기 위하여 펜스를 치고 작업해야 합니다. 그리고 상부에 신호수를 두어 장비와 덤프 사고를 예방해야 합니다. 저는 현장에서 하부에서 크람셀의 인양 로프가 움직일 때 벨이 울리는 장치를 설치하여 사고를 예방한 경험이 있습니다.

Q 2.
복공판 하부에 버팀대로서 H빔을 수직으로 설치할 때 구조 검토사항을 설명해 보십시오.

답변 : 수평재에 대해 횡력과 휨에 대한 검토 및 수직재에 대한 압축력에 대하여 검토해야 합니다.

Q 3.
갱폼 인양 시 작업순서와 주의사항에 대해 설명해 보십시오.

답변 : 갱폼 인양 시 앵커볼트의 체결과 풀림작업을 정확하게 지켜야 합니다. 근로자에게 충분한 교육이 필요하고, 구조체의 양생이 매우 중요합니다. 양생이 덜 된 상태에서 인양작업을 하면 갱폼의 하중 증가로 인하여 추락사고가 발생할 수 있습니다.

Q 4.
현장소장으로서 신규채용자 교육에 대해 설명해 보십시오.

답변 : 신규자를 채용할 때 현장의 위험요소에 대한 설명이 필요합니다. 기초안전보건교육을 받았는데도 불구하고 현장에 대한 정보가 부족하면 위험장소에서 작업하거나 출입 시 사고가 발생할 우려가 있습니다. 신규자에 대한 현장의 안전교육이 꼭 필요하고 아울러 현장 교육장의 개선이 필요합니다. 현재 품질 관련 실험실은 법적으로 크기가 정해져 있지만 안전교육장은 정해져 있지 않아 실질적인 교육을 하기 어렵기 때문에 앞으로 개선해야 한다고 생각합니다.

Q 5.
동절기공사 시 구조물의 안정성 확보에 대해 설명해 보십시오.

답변 : 재령강도 이상의 강도가 필요하며 이를 위해서는 양생이 중요합니다. 그리고 밀폐공간
에서 작업하기 전 반드시 산소농도를 측정하는 등 안전성을 확보해야 합니다.

Q 6.
가시설 구조검토 항목은 무엇입니까?

답변 : 지하 2m 이상의 지보공과 시스템 동바리의 구조검토 및 외부 펜스 등 6m 이상의
가시설에 대한 구조검토가 필요합니다.

Q 7.
현장소장으로서 추락사고에 대한 의견을 이야기해 보십시오.

답변 : 추락은 현재 가장 많이 발생하는 사고입니다. 이에 대한 원인은 불안전한 행동과 불안전
한 상태입니다. 그중 불안전한 행동이 88% 이상으로 인적요인과 외적요인이 있습니다.
인적요인 중 서두르는 데 따른 추락사고가 가장 많이 발생한다고 생각합니다.
예방에는 기술적, 관리적, 교육적 방법이 있는데 이 중 교육적 방법이 가장 중요하며
안전교육장의 법제화가 진행되어야 한다고 생각합니다.

PART

03 산업안전보건법

ACTUAL
INTERVIEW

[1] 용어

1 산안법 목적

① 산업 안전 및 보건에 관한 기준 확립
② 책임의 소재를 명확하게 하여
③ 산업재해를 예방하고
④ 쾌적한 작업환경을 조성하여
⑤ 노무를 제공하는 사람의 안전 및 보건 유지 · 증진

2 산안법 관련 용어

(1) 산업재해

노무를 제공하는 사람이 업무에 관계되는 건설물 · 설비 · 원재료 · 가스 · 증기 · 분진 등에 의하거나 작업 또는 그 밖의 업무로 인하여 사망 또는 부상하거나 질병에 걸리는 것

(2) 중대재해

산업재해 중 사망 등 재해 정도가 심하거나 다수의 재해자가 발생한 경우로서 고용노동부령으로 정하는 재해
① 사망자가 1명 이상 발생한 재해
② 3개월 이상의 요양이 필요한 부상자가 동시에 2명 이상 발생한 재해
③ 부상자 또는 직업성 질병자가 동시에 10명 이상 발생한 재해

(3) 근로자

「근로기준법」에 따른 근로자로 직업의 종류와 관계없이 임금을 목적으로 사업이나 사업장에 근로를 제공하는 사람

(4) 사업주

근로자를 사용하여 사업을 하는 자

(5) 근로자대표

근로자의 과반수로 조직된 노동조합이 있는 경우에는 그 노동조합을, 근로자의 과반수로 조직된 노동조합이 없는 경우에는 근로자의 과반수를 대표하는 자

(6) 도급

명칭에 관계없이 물건의 제조 · 건설 · 수리 또는 서비스의 제공, 그 밖의 업무를 타인에게 맡기는 계약

(7) 도급인

물건의 제조 · 건설 · 수리 또는 서비스의 제공, 그 밖의 업무를 도급하는 사업주(다만, 건설공사발주자는 제외)

(8) 수급인

도급인으로부터 물건의 제조 · 건설 · 수리 또는 서비스의 제공, 그 밖의 업무를 도급받은 사업주

(9) 관계수급인

도급이 여러 단계에 걸쳐 체결된 경우에 각 단계별로 도급받은 사업주 전부

(10) 건설공사발주자

건설공사를 도급하는 자로서 건설공사의 시공을 주도하여 총괄 · 관리하지 아니하는 자(다만, 도급받은 건설공사를 다시 도급하는 자는 제외)

(11) 건설공사

다음의 어느 하나에 해당하는 공사

① 「건설산업기본법」에 따른 건설공사

② 「전기공사업법」에 따른 전기공사

③ 「정보통신공사업법」에 따른 정보통신공사

④ 「소방시설공사업법」에 따른 소방시설공사

⑤ 「문화재수리 등에 관한 법률」에 따른 문화재수리공사

(12) 안전보건진단

산업재해를 예방하기 위하여 잠재적 위험성을 발견하고 그 개선대책을 수립할 목적으로 조사 · 평가하는 것

(13) 작업환경측정

작업환경 실태를 파악하기 위하여 해당 근로자 또는 작업장에 대하여 사업주가 유해인자에 대한 측정계획을 수립한 후 시료(試料)를 채취하고 분석 · 평가하는 것

❸ 산업안전보건법 적용 제외 사업

① 광산안전법 ② 원자력안전법
③ 항공안전법 ④ 선박안전법

[2] 책무

1 정부의 책무

① 산업안전보건정책의 수립 · 집행 · 조정 · 통제
② 사업장에 대한 재해예방지원 · 지도
③ 유해하거나 위험한 기계 · 기구 · 설비 및 방호장치 · 보호구 등의 안전성평가 및 개선
④ 유해하거나 위험한 기계 · 기구 · 설비 · 물질에 대한 안전 · 보건상의 조치기준 작성 및 지도 · 감독
⑤ 사업의 자율적인 안전 · 보건 경영체제 확립을 위한 지원
⑥ 안전 · 보건의식을 북돋우기 위한 홍보 · 교육 및 무재해운동 등 안전문화 추진
⑦ 안전 · 보건을 위한 기술의 연구·개발 및 시설의 설치 · 운영
⑧ 산업재해에 관한 조사 및 통계의 유지 · 관리
⑨ 안전 · 보건 관련 단체 등에 대한 지원 및 지도 · 감독
⑩ 그 밖에 근로자의 안전 및 건강의 보호 · 증진

2 사업주 의무

(1) 재해예방기준 준수 및 예방시책협력의무
사업주는 이 법과 이 법에 의한 명령에서 정하는 산업재해 예방을 위한 기준을 준수하여야 할 의무가 있다. 더 나아가 사업주는 국가에서 시행하는 산업재해예방 시책에 따라야 한다.

(2) 안전 및 보건의 유지와 증진의 의무
사업주는 당해 사업장의 안전 · 보건에 관한 정보를 근로자에게 제공하고, 근로조건의 개선을 통하여 적절한 작업환경을 조성함으로써 근로자의 신체적 피로와 정신적 스트레스 등으로 인한 건강장해를 예방하고, 근로자의 생명보전과 안전 및 보건을 유지 · 증진하도록 하여야 한다.

(3) 보고 의무
사업주는 산업안전보건법 또는 이 법에 의한 명령의 시행에 필요한 사항으로서 노동부령이 정하는 사항을 노동부장관에게 보고하여야 한다. 노동부장관에게 보고하여야 할 사항으로는 다음과 같다.

① 산업재해발생 보고

사업주는 사망자 또는 4일 이상의 휴업을 요하는 부상을 입거나 질병에 걸린 자가 발생한 때에는 당해 산업재해가 발생한 날부터 14일 이내에 산업재해조사표를 작성하여 관할 지방노동관서의 장에게 제출하여야 한다. 다만, 산업재해보상보험법에 따른 요양신청서를 근로복지공단에 제출한 경우에는 그러하지 아니하다. 또한 사업주는 산업재해조사표에 근로자 대표의 확인을 받아야 하며, 그 기재내용에 대하여 근로자 대표의 이견이 있는 경우에는 그 내용을 첨부하여야 한다. 다만, 건설업의 경우에는 근로자대표의 확인을 생략할 수 있으며, 기타 산업재해발생보고에 관하여 필요한 사항은 노동부장관이 정한다.

② 중대재해발생 보고

사업주는 중대재해가 발생한 때에는 24시간 이내에 재해의 발생개요 및 피해상황, 조치 및 전망 기타 중요한 사항을 관할지방노동관서의 장에게 전화·모사전송 기타 적절한 방법에 의하여 보고하여야 한다. 중대재해라 함은 산업재해 중 사망 등 재해의 정도가 심한 것으로 사망자가 1인 이상 발생한 재해, 3개월 이상의 요양을 요하는 부상자가 동시에 2인 이상 발생한 재해, 부상자 또는 직업성 질병자가 동시에 10인 이상 발생한 재해를 말한다.

(4) **산업재해기록 및 보존의무**

사업주는 산업재해가 발생한 때에는 노동부령이 정하는 바에 따라 재해발생원인 등을 기록하여야 하며, 이를 3년간 보존하여야 한다.

(5) **산업안전보건법령 요지의 게시의무**

사업주는 산업안전보건법과 이 법에 의한 명령의 요지를 상시 각 사업장에 게시 또는 비치하여 근로자로 하여금 알게 하여야 한다. 그리고 근로자 대표는 다음의 사항에 관하여 그 내용 또는 결과의 통지를 사업주에게 요청할 수 있고, 사업주는 이에 성실히 응하여야 한다.

① 산업안전보건위원회가 의결한 사항
② 안전보건관리규정에 포함된 사항
③ 도급사업장 안전·보건조치에 관한 사항
④ 자체검사에 관한 사항
⑤ 물질안전보건자료에 관한 사항
⑥ 작업환경측정·평가에 관한 사항
⑦ 안전·보건진단 결과

⑧ 안전보건개선계획의 수립·시행내용(안전보건개선계획의 수립·시행명령을 받은 사업자의 경우에 한한다.

(6) 안전보건표지 설치의무

사업주는 사업장의 유해 또는 위험한 시설 및 장소에 대한 경고, 비상시 조치의 안내 기타 안전의식의 고취를 위하여 노동부령이 정하는 바에 의하여 안전·보건 표지를 설치하거나 부착하여야 한다.

(7) 서류보존의무

사업주는 ① 관리책임자·안전관리자·보건관리자·산업보건의 선임에 관한 서류, ② 화학물질의 유해성조사에 관한 서류, ③ 작업환경측정에 관한 서류와 ④ 건강진단에 관한 서류를 3년간 보존하여야 하고, 자체검사에 관한 서류는 2년간 보존하여야 한다. 다만, 노동부장관이 필요하다고 인정할 때에는 노동부령이 정하는 바에 의하여 보존기간을 연장할 수 있다.

(8) 설계·제조·수입·건설을 하는 자의 의무

기계·기구 기타 설비를 설계·제조 또는 수입하는 자, 원재료 등을 제조·수입하는 자 또는 건설물을 설계·건설하는 자는 그 설계·제조·수입 또는 건설을 함에 있어서 이 법과 이 법에 의한 명령에서 정하는 기준을 준수하여야 하고, 그 물건의 사용에 의한 산업재해발생의 방지에 노력하여야 한다.

[3] 산업재해 발생 보고 및 기록

1 산업재해 발생 보고

① 사망자가 발생하거나 3일 이상 휴업이 필요한 부상을 입거나 질병에 걸린 사람이
발생한 경우

② 1개월 이내 산업재해조사표를 작성하여 관할 노동청장 또는 지청장에게 제출

2 산업재해 보고 내용

① 발생개요 및 피해상황

② 조치 및 전망

③ 그 밖의 중요사항

3 산업재해 기록

① 사업장의 개요 및 근로자 인적사항

② 재해 발생의 일시 및 장소

③ 재해 발생의 원인 및 과정

④ 재해 재발방지 계획

[4] 산업재해 예방

1 산업재해예방을 위한 고용노동부와 타 행정기관장 협의

(1) 산업재해예방기본계획 시행에 필요시 공공기관 타 행정기관장에게 협조 요청 가능

(2) 타 행정기관장은 안전, 보건의 규제를 정하려면 고용노동부장관과 협의

(3) 행정기관장과 고용노동부장관은 안전보건의 협의 규제 변경사항은 필요시 국무총리에게 보고 · 확정

(4) 고용노동부장관은 재해예방을 위하여 필요시 사업주, 사업주단체 또는 관계인에게 권고 협조 요청 가능

(5) 고용노동부장관이 타 행정기관장에게 아래 자료 요청

① 부가가치세법 및 법인세법의 사업자등록 정보

② 고용보험법의 피보험자격의 취득, 상실에 관한

(6) 고용노동부장관이 타 행정기관과 공공기관장에게 협조를 요청할 수 있는 사항

① 안전 · 보건 의식 정착을 위한 안전문화운동의 추진

② 산업재해 예방을 위한 홍보 지원

③ 안전 · 보건 관련 중복규제의 정비

④ 안전 · 보건 시설 개선 사업장에 자금융자 · 세제혜택

⑤ 합동 안전 · 보건 점검의 실시

⑥ 건설업체의 재해발생률에 따라 시공능력 평가 시 공사실적액 감액 조치

⑦ 산업재해와 건강진단 자료 제공

⑧ 같은 업종에서 산업재해율이 높은 업체에 대한 정부 포상 제한 사항

⑨ 건설기계나 자동차의 안전검사용 유해 · 위험 기계와 자동차의 자료 제공

⑩ 119의 구급활동에 따른 출동 및 처치기록지 제공

2 재해 예방용 통합정보시스템 구축 · 운영

① 고용노동부장관은 효율적인 재해예방을 위하여 통합정보시스템을 구축 운영

② 타 행정기관장과 공단에 통합정보시스템 제공

3 산업재해 발생과 그 건수 공표 〈법 10조, 영 10조, 규칙 7조〉

(1) 고용노동부장관은 사업장의 근로자 산업재해 발생건수, 재해율 또는 그 순위를 공표

(2) 도급인이 지배·관리하는 관계수급인 근로자 포함한 상시근로자 500명 이상 사업장에서 재해발생 건수는 도급인 재해발생건수에 포함하여 공표(전국으로 관보, 신문, 인터넷)

　　※ 통합공표 대상 사업장(도급인 + 관계수급인)

　　　상시근로자 500명 이상이고 도급인보다 관계수급인의 사고사망만인율이 높은 사업장(제조업, 철도운송업, 도시철도운송업, 전기업)

(3) 고용노동부장관은 도급인에게 관계수급인에 관한 자료 요청 가능

(4) **재해발생 건수 공표대상 사업장**

　① 재해로 인한 사망자가 연간 2명 이상 발생한 사업장

　② 사망만인율이 규모별 같은 업종의 평균 사망만인율 이상인 사업장(1만 명당 사망자 수의 비율)

　③ 폭발, 화재, 누출, 인근지역에 중대산업사고가 발생한 사업장

　④ 사업재해 발생 사실을 은폐한 사업장

　⑤ 재해 발생 보고를 최근 3년 이내 2회 이상 하지 않은 사업장

(5) **도급인이 지배·관리하는 장소**

　① 토사, 구축물이 붕괴될 우려가 있는 장소

　② 기계기구가 넘어질 우려가 있는 장소

　③ 안전난간의 설치가 필요한 장소

　④ 비계, 거푸집을 설치·해체하는 장소

　⑤ 건설용 리프트 운행장소

　⑥ 지반을 굴착·발파하는 장소

　⑦ 엘리베이터홀 등 근로자 추락 위험이 있는 장소

　⑧ 석면의 물질을 파쇄·해체 작업 장소

　⑨ 공중전선이 가까이 있는 장소로서 시설물의 설치·해체·점검 및 수리 등을 할 때 감전의 위험이 있는 장소

　⑩ 물체가 떨어지거나 날아올 위험이 있는 장소

　⑪ 프레스, 전단기 사용 장소

　⑫ 차량계 하역운반기계 등 기계기구 사용 장소

　⑬ 전기 기계기구 사용으로 감전 위험이 있는 작업을 하는 장소

　⑭ 철도차량에 의한 충돌, 협착 위험이 있는 작업을 하는 장소

　⑮ 화재·폭발 등 사고 위험이 높은 장소

[5] 안전보건관리책임자

〈법 15조, 영 14조〉

안전보건관리책임자는 사업장을 실질적으로 총괄 · 관리하는 사람이며, 관리감독자는 사업장 생산업무와 근로자를 직접 지휘 · 감독하는 사람을 말한다.

1 총괄업무

(1) 산업재해예방계획의 수립에 관한 사항

(2) 안전보건관리규정의 작성 및 변경에 관한 사항

(3) 근로자의 안전 · 보건교육에 관한 사항

(4) 작업환경측정 등 작업환경의 점검 및 개선에 관한 사항

(5) 근로자의 건강진단 등 건강관리에 관한 사항

(6) 산업재해의 원인 조사 및 재발 방지대책 수립에 관한 사항

(7) 산업재해에 관한 통계의 기록 및 유지에 관한 사항

(8) 안전 · 보건과 관련된 안전장치 및 보호구 구입 시의 적격품 여부 확인에 관한 사항

(9) 그 밖에 근로자의 유해 · 위험 예방조치에 관한 사항으로서 고용노동부령으로 정하는 사항

2 상세업무

(1) **산재예방계획의 수립에 관한 사항**

① 계획을 수립할 때에는 법규요구사항, 위험성평가결과, 안전보건경영활동의 효과적 운영을 위한 필수사항(교육, 훈련, 성과측정, 평가 등)이 포함되도록 고려한다.

② 계획 및 세부계획은 안전보건경영 정책과 부합되도록 하며, 가능한 한 정량화함으로써 모니터링 및 성과측정이 가능토록 설정한다.

③ 계획은 안전보건방침과 일치하여야 하며, 목표 달성을 위한 조직 및 인적 · 물적 자원의 제공을 고려한다.

(2) **추진계획에 포함하여야 할 사항**

안전보건활동 목표, 개선내용, 성과지표, 추진일정, 추진부서, 투자예산 등

(3) **목표관리**

① 목표는 단순하게, 정량적으로, 달성 가능하게, 시기의 적절성을 반드시 반영하여

야 하며, 1년 단위로 목표를 수립, 반기 단위로 실적을 관리하여야 한다.

② 목표 미달 시 관리방안

- 목표는 기간 내 미달성 시 차기 연도 목표에 반영하여 추진하여야 한다.
- 차기 연도에 반영할 필요가 없을 시 미반영 사유에 대하여 사업주(관리책임자)의 방침을 받아야 한다.

(4) 안전보건관리책임자의 선임 사업장

① 상시근로자 50명 이상(토사석 광업, 1차 금속 제조업, 화학물질 제조업, 금속 · 비금속 등)

② 상시근로자 300명 이상(농업, 어업, 정보서비스, 금융, 보험법 등)

③ 상시근로자 100명 이상(그 외 사업장)

④ 건설업 공사금액 20억 이상 건설현장

[6] 관리감독자

■1 관리감독자 〈법 16조, 영 15조〉

관리감독자 선임사업장은 건진법상 안전관리책임자와 안전관리담당자를 둔 것으로
본다.

(1) 관리감독자의 업무(해당 사업장/해당 작업에 국한)

① 기계, 기구, 설비의 안전/보건 점검 및 이상 유무 확인

② 작업복, 보호구, 방호장치의 점검, 착용 관련 교육, 지도

③ 재해발생에 대한 보고 및 응급조치

④ 작업장 정리정돈, 통로확보의 확인 감독

⑤ 안전, 보건관리자/전문기관의 지도 조언에 협조

⑥ 안전관리자 전문기관 안전보건관리담당자의 지도 조언 협조

⑦ 위험성평가에 대한 참여(유해위험 파악/개선조치)

■2 관리감독자의 업무내용

(1) 기계 · 기구 · 설비의 안전보건 점검 및 이상 유무 확인

① 작업 시작 전에 안전보건 사항 점검

② 운전 시작 전에 이상 유무의 확인

③ 재료의 결함 유무, 기구 및 공구의 기능 점검

④ 화학설비 및 부속설비의 사용 시작 전 점검

(2) 근로자의 작업복, 보호구 및 방호장치의 점검과 착용상태 점검

① 작업내용에 따라 적절한 보호구의 지급 · 착용지도

② 작업모 또는 작업복의 올바른 착용지도

③ 드릴작업 등 회전체 작업 시 목장갑 착용 금지

④ 프레스 등 유해위험기계의 안전장치기능 확인

(3) 산업재해에 관한 보고 및 이에 대한 응급조치(사후조치)

① 재해자 발생 시 응급조치 및 병원으로 즉시 이송

② 1개월 이내에 산업재해조사표 작성 또는 요양신청서를 근로복지공단에 제출

③ 중대재해가 발생한 경우 지체 없이 관할 노동관서에 보고

④ 재해발생원인 조사 및 재발방지계획 수립 · 개선

(4) **작업장의 정리정돈 및 안전통로 확보의 확인 · 감독**

　① 작업장 바닥을 안전하고 청결한 상태로 유지

　② 근로자가 안전하게 통행할 수 있도록 통로를 설치 관리

　③ 옥내통로는 걸려 넘어지거나 미끄러질 위험이 없도록 관리

(5) **당해 근로자들에 대한 안전보건 교육 및 교육일지 작성**

　① 매월 실시하는 근로자의 정기안전교육

　② 유해위험작업에 배치하기 전 업무와 관계되는 특별안전 교육 등

[7] 안전관리자

〈법 17조, 영 16조〉

안전관리자는 안전에 관한 기술적인 사항에 관하여 사업주 또는 안전보건관리책임자를 보좌하고
관리감독자에게 조언, 지도를 하는 업무를 수행한다.

1 안전관리자 선임기준 〈영 16조, 별표 3〉

(1) 제조업

　① 50명 이상~500명 미만 : 1명 이상

　② 500명이상 : 2명 이상

(2) 토사석 광업, 금속 · 비금속, 식료품, 1차 금속제조업 외

　① 상근자 50~500명 미만 : 1명 이상

　② 상근자 500명 이상 : 2명 이상

(3) 농업, 임업, 어업, 운수, 통신, 방송 등

　① 상근자 50~1000명 미만 : 1명 이상

　② 상근자 1000명 이상 : 2명 이상

(4) 건설업

　① (유해위험방지계획서 대상 한정) 50억~120억 원 공사 안전관리자 선임

　　㉠ (기존) 원청 및 협력사 선임 → (개정) 원청사 선임(시행일 2020. 3. 10)

　　　예 A사 50억 원, B사 65억 원 각각 협력사 1명씩 선임(총 2명)

　　　　→ A사 + B사 공사금액을 합산하여 원청사 선임(총 1명)

　　㉡ (기존 동일 / 유해위험방지계획서 대상 무관) 협력사 120억 원 이상 전담 안전관
리자 선임 필수

　　　• 원청사 선임 가능(단, 해당 협력사 업무만 전담)

　　㉢ ㉠, ㉡ 항목 합산 선임 불가

　② (유해위험방지계획서 대상 무관) 50억 원 이상(협력사 100억↑) 공사 선임 단계적
확대 시행

　　㉠ 100억 원 이상 : 2020. 7. 1

　　　80억 원 이상 : 2021. 7. 1

　　　60억 원 이상 : 2022. 7. 1

50억 원 이상 : 2023. 7. 1 이후
- ⓛ 기존 유지 : 120억~800억 원 미만, 1명 이상
- ⓒ 기존 해석 일정 기간(2023. 7. 1까지) 유지 : 유해위험방지계획서 대상 50억 원 이상 협력사 안전관리자 선임 유지

② 안전관리자 안전업무 전담 사업장

① 제조업 상시근로자 300명 이상
② 건설업 120억 이상(토목공사 150억 이상)

③ 안전관리자의 안전업무

안전보건위원회(노사협의)와 안전보건관리규정, 취업규칙에서 정한 업무
① 위험성평가에 관한 보좌, 지도, 조언
② 안전인증대상기계와 자율안전인증대상기계 구입 시 적격품의 선정에 관한 보좌, 지도, 조언
③ 안전교육계획 수립 및 실시에 관한 보좌, 조언, 지도
④ 사업장 순회점검과 지도, 조치의 건의
⑤ 재해발생 원인조사 분석 및 재발방지 기술적 보좌, 지도, 조언
⑥ 산업재해 통계의 유지, 관리, 분석을 위한 보좌, 지도, 조언
⑦ 타 법령의 안전에 관한 사항 이행에 관한 보좌, 지도, 조언
⑧ 업무 수행 내용의 기록, 유지

④ 안전관리자 증원, 교체 사유 〈규칙 12조〉

지방고용노동관서의 장은 다음의 경우에 사업주에게 안전(보건)관리자, 안전보건담당자의 증원, 교체를 명할 수 있다.
① 연간재해율이 같은 업종의 평균재해율의 2배 이상인 경우
② 중대재해가 2건 이상 발생한 경우
③ 관리자(안전, 보건, 안전보건담당자)가 질병 등 사유로 3개월 이상 직무 수행 불가 시
④ 화학적 인자로 직업성 질병자가 연간 3명 이상 발생(요양급여 결정일 기준)

⑤ 안전관리자 등의 지도·조언 〈법 20조〉

사업주, 안전보건관리책임자 및 관리감독자는 안전관리자, 보건관리자, 안전보건관리담당자 및 위탁기관의 기술지도·조언에 응하여야 한다.

6 안전관리자 선임

(1) 둘 이상의 사업장에 1명의 안전관리자 공동 선임 〈영 16조4항〉

　둘 이상 사업장의 합계 상근자가 300명 이내, 건설업 120억 원 이내

　① 둘 이상 사업장이 같은 시, 군, 구 지역에 소재

　② 둘 이상 사업장의 경계가 15km 이내

(2) 도급인의 사업장에서 도급인이 수급인의 상근자를 전담하는 안전관리자를 선임한 경우 수급인은 안전관리자를 선임하지 않을 수 있음

(3) 사업주는 안전관리자 선임(위탁)일로부터 14일 이내에 고용노동부장관에게 선임서류 제출(장관에게 선임 보고)

7 안전관리자 업무를 전문기관에 위탁 가능한 사업장 〈영 19조〉

상근자 300명 미만 사업장(건설업 제외)

[8] 보건관리자

보건관리자는 보건에 관한 기술적인 사항에 관하여 사업주 또는 안전보건관리책임자를 보좌하고 관리감독자에게 지도, 조언을 하는 업무를 수행하며, 산업보건지도사, 간호사, 의사 등 자격이 있는 사람을 선임한다.

■ 보건관리자 선임 기준 〈영 20조, 별표 5〉

(1) 광업, 1차 금속 제조업 외
   ① 상근자 50~500명 미만 : 1명 이상
   ② 상근자 500명 이상~2000명 미만 : 2명 이상
   ③ 상시근로자 2000 명이상 : 2명이상(의사, 간호사 1명 포함)

(2) 농업, 어업, 임업, 방송업, 통신업
   ① 상근자 50~5,000명 미만 : 1명 이상
   ② 상근자 5,000명 이상 : 2명 이상(의사, 간호사 1명 포함)

(3) 건설업
   ① 공사금액 800억 원 이상(토목 1000억 원 이상) : 1명 이상
   ② 상시근로자 600명 이상 : 1명 이상
   ③ 1400억 원 증가/600명 추가 시마다 1명 추가
   ※ 보건관리자는 상기 사업장 전담이 원칙이나, 상시근로자 300명 미만인 경우 겸직 가능

■ 보건관리자 업무 〈영 22조〉

(1) 산업안전보건위원회(노사협의체) 업무와 안전보건관리규정 및 취업규칙에서 정한 업무
(2) 안전인증대상기계 등과 자율안전확인대상기계 중 보건과 관련된 보호구 구입 시 적격품 선정에 대한 보좌 및 지도 · 조언
(3) 위험성평가에 관한 보좌 및 지도 · 조언
(4) 작성된 물질안전보건자료(MSDS)의 게시, 비치에 관한 보좌, 지도 · 조언
(5) 산업보건의의 직무

(6) 해당 사업장 보건교육계획의 수립, 보건교육 실시에 관한 보좌, 지도 · 조언

(7) 해당 사업장의 근로자 보호를 위해 간호사, 의사가 보건관리자로 선임된 경우 아래 업무 가능

　① 가벼운 부상에 대한 치료

　② 응급처치가 필요한 사람에 대한 처치

　③ 부상 · 질병의 악화를 방지하기 위한 처치

　④ 건강진단 결과 발견된 질병자의 요양 지도 및 관리

　⑤ 상기 의료행위에 따르는 의약품의 투여

(8) 작업장에 사용되는 전체 환기장치 및 국소 배기장치에 관한 점검과 작업방법의 공학적 개선에 관한 보좌, 지도 · 조언

(9) 사업장 순회점검, 지도 및 조치 건의

⑩ 산업재해 발생의 원인 조사 · 분석 및 재발 방지를 위한 기술적 보좌 및 지도 · 조언

⑪ 산업재해에 관한 통계의 유지 · 관리 · 분석을 위한 보좌 및 지도 · 조언

⑫ 법에 따른 명령으로 정한 보건에 관한 사항의 이행에 관한 보좌, 지도 · 조언

⑬ 업무 수행 내용의 기록 유지

❸ 보건관리 업무 위탁 가능 사업장(건설업 제외) 〈영 23조〉

(1) 건설업을 제외한 사업으로 상시근로자 300명 미만 사업장

(2) 외딴곳으로서 고용노동부장관이 정하는 지역에 있는 사업장

(3) 위탁기관

　① 산업보건지도사

　② 국가 및 지자체의 소속기관

　③ 종합병원(병원)

　④ 「고등교육법」에 따른 대학 및 그 부속기관

　⑤ 보건관리 업무를 하려는 법인

※ 유해인자별 보건관리전문기관 위탁사업 대상

　① 납, 수은, 크롬, 석면 취급 사업

　② 근골격계 질환의 원인인 단순반복작업, 영상표시단말기 취급작업(VDT), 중량물 취급작업

[9] 명예 산업안전감독관 위촉

〈법 23조〉

> 고용노동부장관은 산업재해 예방활동의 참여와 지원을 촉진하기 위하여 근로자, 근로자단체, 사업주
> 단체, 재해예방전문단체 등의 소속 사람 중에서 명예산업안전감독관을 위촉할 수 있다.

1 명예산업안전감독관 위촉

(1) 고용노동부장관의 위촉방법

① 산업안전보건위원회(노사협의체)등의 근로자 중에서 근로자대표가 사업주의 의
견을 들어 추천하는 사람

② 노동조합 또는 그 지역 대표기구에 소속된 임직원 중에서 노동조합 또는 그 지역
대표기구가 추천하는 사람

③ 전국 규모의 사업주단체 또는 그 산하조직에 소속된 임직원 중에서 해당 단체
또는 그 산하조직이 추천하는 사람

④ 산업재해 예방 관련 업무를 하는 단체 또는 그 산하조직에 소속된 임직원 중에서
해당 단체 또는 그 산하조직이 추천하는 사람

(2) 명예산업안전감독관의 임기는 2년이며 연임 가능

2 명예산업안전감독관의 업무(해당 사업장에 국한)

① 사업장에서 하는 자체점검과 근로감독관이 하는 사업장 감독 참여

② 사업장 산업재해 예방계획 수립 참여 및 사업장에서 하는 기계·기구 자체검사 참석

③ 법령을 위반한 사실이 있는 경우 사업주에 대한 개선 요청 및 감독기관에의 신고

④ 산업재해 발생의 급박한 위험이 있는 경우 사업주에 대한 작업중지 요청

⑤ 작업환경측정, 근로자 건강진단 시의 참석 및 그 결과에 대한 설명회 참여

⑥ 직업성 질환의 증상자, 질병 근로자가 여러 명 발생한 경우 사업주에 대한 임시건강진
단 실시 요청

⑦ 근로자에 대한 안전수칙 준수 지도

⑧ 법령 및 산업재해 예방정책 개선 건의

⑨ 안전·보건 의식을 북돋우기 위한 활동의 참여와 지원

⑩ 산업재해 예방에 대한 홍보와 예방업무와 관련하여 고용노동부장관이 정하는 업무

[10] 산업안전보건위원회

〈법 24조〉

사업주는 사업장의 안전 및 보건의 중요 사항을 심의 · 의결하기 위하여 사업장에 근로자위원과
사용자위원이 같은 수로 구성되는 산업안전보건위원회를 구성 · 운영하여야 한다.

1 산업안전보건위원회의

(1) 심의사항

① 산업재해원인조사 및 재발방지대책수립에 관한 사항

② 안전 · 보건에 관련되는 안전장치 및 보호구 구입 시 적격품 여부 확인에 관한
사항

③ 공정안전보고서 작성에 관한 사항

④ 안전보건개선계획 수립에 관한 사항

⑤ 기타 근로자의 유해 · 위험에방조치에 관한 사랑

(2) 의결사항

① 산업재해예방계획의 수립에 관한 사항

② 안전보건관리규정의 작성 및 그 변경에 관한 사항

③ 근로자의 안전 · 보건교육에 관한 사항

④ 작업환경측정 등 작업환경의 점검 및 개선에 관한 사항

⑤ 근로자의 건강진단 등 건강관리에 관한 사항

⑥ 중대재해의 원인조사 및 재발방지대책의 수립에 관한 사항

⑦ 산업재해에 관한 통계의 기록 · 유지에 관한 사항

⑧ 유해 · 위험한 기계 · 기구 그 밖의 설비를 도입한 경우 안전 · 보건조치에 관한
사항

2 산업안전보건위원회를 두어야 할 사업장

(1) 50명 이상 사업장

① 토사석 광업, 목재 및 나무제품 제조업(가구 제외), 화학물질 및 화학제품 제조업,
비금속 광물제품 제조업, 1차 금속 제조업

② 금속가공제품 제조업, 자동차 및 트레일러 제조업, 기타 제조업

(2) 300명 이상 사업장

① 농업, 어업, 소프트웨어 개발 및 공급업, 컴퓨터 프로그래밍, 시스템 통합 및 관리업, 정보서비스업, 금융 및 보험업

② 임대업(부동산 제외), 전문, 과학 및 기술 서비스업(연구개발업 제외), 사업지원 서비스업, 사회복지 서비스업

(3) 건설업 사업장

공사금액 120억 원 이상(토목공사 150억 원 이상)

3 산업안전보건위원회의 구성

(1) 근로자 측 위원 구성

① 근로자대표

② 명예산업안전감독관이 위촉된 경우 근로자대표가 지명하는 1명 이상의 명예산업안전감독관

③ 근로자대표가 지명하는 9명(명예산업안전감독관 위원이 있는 경우에는 9명에서 그 위원의 수를 제외) 이내 근로자

(2) 사용자 측 위원 구성

① 대표자(같은 사업으로서 다른 지역에 사업장이 있는 경우에는 안전보건관리책임자)

② 안전관리자(위탁기관의 담당자) 1명

③ 보건관리자(위탁기관의 담당자) 1명

④ 산업보건의(해당 사업장에 선임한 경우)

⑤ 대표자가 지명하는 사업장 부서의 장(50명 이상 100명 미만 사업장 제외). 단, 건설공사 도급인이 안전/보건의 협의체를 구성한 경우에는 산업안전보건위원회의 위원을 다음의 사람을 포함하여 구성할 수 있음

• 근로자위원 : 도급 또는 하도급 사업을 포함한 전체 사업의 근로자대표, 명예산업안전감독관 및 근로자대표가 지명하는 해당 사업장의 근로자

• 사용자위원 : 도급인 대표자, 관계수급인의 각 대표자 및 안전관리자

(3) 산업안전보건위원회의 위원장

위원장은 위원 중에서 호선(互選). 이 경우 근로자위원과 사용자위원 중 각 1명을 공동위원장으로 선출 가능

4 산업안전보건위원회의 회의 및 의결방법 〈영 37조〉

(1) 산업안전보건위원회의 회의
  ① 정기회의 : 분기마다 산업안전보건위원회의 위원장이 소집
  ② 임시회의 : 위원장이 필요하다고 인정할 때 소집

(2) 회의 의결방법
  근로자위원 및 사용자위원 각 과반수의 출석으로 개의하고 출석위원 과반수의 찬성으로 의결

(3) 대리 출석 가능자
  근로자대표, 명예산업안전감독관, 해당 사업의 대표자, 안전관리자 또는 보건관리자는 회의에 출석할 수 없는 경우에는 해당 사업에 종사하는 사람 중에서 1명을 지정하여 위원으로서의 직무를 대리하게 할 수 있음

(4) 산업안전보건위원회는 다음 사항을 기록한 회의록을 작성하여 비치할 것
  ① 개최 일시 및 장소
  ② 출석위원
  ③ 심의 내용 및 의결 · 결정 사항
  ④ 그 밖의 토의사항

[11] 안전보건관리규정의 작성

〈법 25조〉

1 안전보건관리규정 작성 사업장 〈규칙 25조, 별표 2〉

안전보건관리규정을 작성해야 할 사업의 종류 및 상시근로자 수는 다음과 같다.

사업의 종류	상시근로자
1. 농업 2. 어업 3. 소프트웨어 개발 및 공급업 4. 컴퓨터프로그래밍, 시스템 통합 및 관리업 5. 정보서비스업 6. 금융 및 보험업 7. 임대업 ; 부동산 제외 8. 전문, 과학 및 기술 서비스업(연구개발업 제외) 9. 사업지원 서비스업 10. 사회복지 서비스업	300명 이상
11. 제1호~제10호까지의 사업을 제외한 사업	100명 이상

2 안전보건관리규정 작성

(1) 안전보건관리규정 작성 내용

① 안전 및 보건에 관한 관리조직과 그 직무에 권한 사항

② 안전보건교육에 관한 사항

③ 작업장의 안전 및 보건 관리에 관한 사항

④ 소방, 가스, 전기, 교통 분야 등의 타 법령에서 정하는 규정과 통합 작성

⑤ 사고 조사 및 대책 수립에 관한 사항

⑥ 그 밖에 안전 및 보건에 관한 사항

(2) 안전보건관리규정 작성(변경) 사유 발생일부터 30일 이내 작성

(3) 안전보건관리규정 작성, 변경 시 산업안전보건위원회 심의 · 의결

(단, 안전보건위원회가 없는 경우 근로자대표의 동의를 받아야 함)

(4) 안전보건관리규정은 단체협약 또는 취업규칙에 반할 수 없음

❸ 안전보건관리규정 작성 세부 내용 〈규칙 25조, 별표 3〉

(1) 총칙
① 안전보건관리규정 작성의 목적 및 적용 범위에 관한 사항
② 사업주 및 근로자의 재해 예방 책임 및 의무 등에 관한 사항
③ 하도급 사업장에 대한 안전보건관리에 관한 사항

(2) 안전 · 보건 관리조직과 그 직무
① 안전 · 보건 관리조직의 구성방법, 소속, 업무 분장 등에 관한 사항
② 안전보건관리책임자(안전보건총괄책임자), 안전관리자, 보건관리자, 관리감독자의 직무 및 선임에 관한 사항
③ 산업안전보건위원회의 설치 · 운영에 관한 사항
④ 명예산업안전감독관의 직무 및 활동에 관한 사항
⑤ 작업지휘자 배치 등에 관한 사항

(3) 안전 · 보건교육
① 근로자 및 관리감독자의 안전 · 보건교육에 관한 사항
② 교육계획의 수립 및 기록 등에 관한 사항

(4) 작업장 안전관리
① 안전 · 보건관리에 관한 계획의 수립 및 시행에 관한 사항
② 기계 · 기구 및 설비의 방호조치에 관한 사항
③ 유해 · 위험기계 등에 대한 자율검사프로그램에 의한 검사 또는 안전검사에 관한 사항
④ 근로자의 안전수칙 준수에 관한 사항
⑤ 위험물질의 보관 및 출입 제한에 관한 사항
⑥ 중대재해 및 중대산업사고 발생, 급박한 산업재해 발생의 위험이 있는 경우 작업중지에 관한 사항
⑦ 안전표지 · 안전수칙의 종류 및 게시에 관한 사항과 그 밖에 안전관리에 관한 사항

(5) 작업장 보건관리
① 근로자 건강진단, 작업환경측정의 실시 및 조치절차에 관한 사항
② 유해물질의 취급에 관한 사항
③ 보호구의 지급 등에 관한 사항
④ 질병자의 근로 금지 및 취업 제한 등에 관한 사항

⑤ 보건표지 · 보건수칙의 종류 및 게시에 관한 사항과 그 밖에 보건관리에 관한 사항

(6) 사고 조사 및 대책 수립
① 산업재해 및 중대산업사고의 발생 시 처리 절차 및 긴급조치에 관한 사항
② 산업재해 및 중대산업사고의 발생원인 조사 및 분석, 대책 수립에 관한 사항
③ 산업재해 및 중대산업사고 발생의 기록 · 관리 등에 관한 사항

(7) 위험성평가에 관한 사항
① 위험성평가의 실시 시기 및 방법, 절차에 관한 사항
② 위험성 감소대책 수립 및 시행에 관한 사항

(8) 보칙
① 무재해운동 참여, 안전 · 보건 관련 제안 및 포상 · 징계 등 산업재해 예방을 위하여 필요하다고 판단하는 사항
② 안전 · 보건 관련 문서의 보존에 관한 사항
③ 그 밖의 사항

사업장의 규모 · 업종 등에 적합하게 작성하며, 필요한 사항을 추가하거나 그 사업장에 관련되지 않는 사항은 제외 가능

[12] 안전보건교육

〈법 29조〉

1 안전보건교육 대상, 시간 〈규칙 26조, 별표 4〉

(1) 근로자 안전보건교육(규칙 26조 1항, 28조 1항 관련)

교육과정	교육대상		교육시간	상시근로자 50인 미만의 도매업과 숙박 및 음식점업의 교육시간
가. 정기교육	사무직 종사 근로자		매분기 3시간 이상	매분기 1.5시간 이상
	사무직 종사 근로자 외의 근로자	판매업무에 직접 종사하는 근로자	매분기 3시간 이상	매분기 1.5시간 이상
		판매업무에 직접 종사하는 근로자 외의 근로자	매분기 6시간 이상	매분기 3시간 이상
	관리감독자의 지위에 있는 사람		연간 16시간 이상	연간 8시간 이상
나. 채용 시 교육	일용근로자		1시간 이상	0.5시간 이상
	일용근로자를 제외한 근로자		8시간 이상	4시간 이상
다. 작업내용 변경 시 교육	일용근로자		1시간 이상	0.5시간 이상
	일용근로자를 제외한 근로자		2시간 이상	1시간 이상
라. 특별교육	일용근로자		2시간 이상	
	타워크레인 신호작업에 종사하는 일용근로자		8시간 이상	
	일용근로자를 제외한 근로자		• 16시간 이상(최초 작업에 종사하기 전 4시간 이상 실시하고 12시간은 3개월 이내에서 분할하여 실시 가능) • 단기간 작업 또는 간헐적 작업인 경우 2시간 이상	
마. 건설업 기초 안전 · 보건교육	건설 일용근로자		4시간	

(2) 안전보건관리책임자 등에 대한 교육(규칙 29조 2항 관련)

교육대상	교육시간	
	신규교육	보수교육
가. 안전보건관리책임자	6시간 이상	6시간 이상
나. 안전관리자, 안전관리전문기관 종사자	34시간 이상	24시간 이상
다. 보건관리자, 보건관리전문기관 종사자	34시간 이상	24시간 이상
라. 건설재해예방전문지도기관 종사자	34시간 이상	24시간 이상
마. 석면조사기관 종사자	34시간 이상	24시간 이상
바. 안전보건관리담당자	–	8시간 이상
사. 안전검사기관 · 자율안전검사기관 종사자	34시간 이상	24시간 이상

(3) 특수형태근로종사자에 대한 안전보건교육(규칙 95조 1항 관련)

교육과정	교육시간
가. 최초 노무제공 시 교육	2시간 이상(단기간, 간헐적 작업에 노무를 제공하는 경우 1시간 이상 실시하고, 특별교육 시는 면제)
나. 특별교육	16시간 이상(최초 작업에 종사하기 전 4시간 이상 실시하고 12시간은 3개월 이내에서 분할하여 실시 가능)
	단기간 작업 또는 간헐적 작업인 경우에는 2시간 이상

(4) 검사원 성능검사 교육(규칙 131조 2항 관련)

교육과정	교육대상	교육시간
성능검사 교육	–	28시간 이상

2 안전보건교육 사업장 자체 강사 자격 〈규칙 26조〉

(1) 사업주 자체 강의 자격자

① 인전보건관리책임자

② 관리감독자

③ 안전관리자(전문기관 안전관리자 위탁 시 담당자)

④ 보건관리자(전문기관 보건관리자 위탁 시 담당자)

⑤ 안전보건관리담당자(전문기관에서 안전보건관리담당자의 위탁담당자)

⑥ 산업보건의

(2) 법에서 인정한 강사

① 공단에서 실시한 강사요원 교육과정을 이수한 사람

② 산업안전지도사 또는 산업보건지도사

③ 산업안전보건에 관하여 학식과 경험이 있는 사람으로 고용노동부장관이 정하는 기준에 해당하는 사람

❸ 안전보건교육 면제 〈규칙 27조〉

(1) 전년도에 산업재해가 발생하지 않은 사업장의 사업주 근로자 정기교육을 다음 연도에 한정하여 실시기준 시간의 100분의 50 범위에서 면제 가능

(2) 안전 및 보건관리자를 선임할 의무가 없는 사업장의 사업주가 노무를 제공하는 근로자의 건강 유지·증진을 위하여 설치된 근로자건강센터에서 실시하는 안전보건교육, 건강상담, 건강관리프로그램 등 근로자의 건강관리 건강관리 활동에 근로자를 참여하게 한 경우 정기교육 시간에서 면제(건강관리 활동에 참여한 사실을 입증할 수 있는 서류보관)

(3) 관리감독자가 전문화교육이수 시 정기교육시간 면제 가능

(4) 근로자가 채용되거나 변경된 작업에 경험이 있을 경우 채용 시 교육 또는 특별교육 시간을 다음 기준에 따라 실시

① 같은 종류의 업종에 6개월 이상 근무한 경험이 있는 근로자를 이직 후 1년 이내에 채용하는 경우 : 채용 시 교육시간의 100분의 50 이상

② 특별교육 대상작업에 6개월 이상 근무한 경험이 있는 근로자가 다음에 해당하는 경우 특별교육 시간의 100분의 50 이상

- 근로자가 이직 후 1년 이내에 채용되어 이직 전과 동일한 특별교육대상작업에 종사하는 경우
- 근로자가 같은 사업장 내 다른 작업에 배치된 후 1년 이내에 배치에 배치 전과 동일한 특별교육 대상작업에 종사하는 경우

③ 채용 시 교육 또는 특별교육을 이수한 근로자가 같은 도급인의 사업장 내에서 이전에 하던 업무와 동일한 업무에 종사하는 경우

❹ 건설업 기초안전보건교육 면제 〈법 31조, 영 40조, 규칙 28조〉

건설업의 사업주는 건설 일용근로자를 채용할 때에는 안전보건교육을 필히 이수. 다만, 건설 일용근로자가 전에 안전보건교육을 이수한 경우 면제

5 안전보건관리책임자 등에 대한 직무교육 면제〈법 32조, 규칙 29조〉

안전보건관리업자 등의 직무교육 대상자 및 타 법령의 안전보건교육을 받는 등 고용노동부령으로 정하는 경우 교육 면제

① 안전보건관리책임자

② 안전관리자

③ 보건관리자

④ 안전보건관리담당자

⑤ 전문기관의 안전 및 보건 업무 수행자

※ 선임(채용) 후 3개월 이내 신규교육, 매 2년 전후 3개월 내 보수교육

[13] 유해 · 위험 방지 조치

1 법령, 안전보건관리규정 게시(사업주가 개시 · 홍보) 〈법 34조〉

사업주는 이 법과 이 법에 따른 명령 요지 및 안전보건관리규정을 사업장의 근로자가 쉽게 볼 수 있는 장소에 게시 및 널리 알려야 함

2 근로자대표의 통지 요청사항(사업주에게 요청) 〈법 35조〉

(1) 법령 요지의 게시

(2) 산업안전보건위원회(노사협의체)가 의결한 사항

(3) 안전보건진단 결과에 관한 사항

(4) 안전보건개선계획의 수립 · 시행에 관한 사항

(5) 도급인 사업장에서 수급인 근로자를 위한 도급인의 이행 사항

  ① 도급인과 수급인을 구성원으로 하는 안전 및 보건에 관한 협의체의 구성 및 운영

  ② 작업장 순회점검

  ③ 수급인이 근로자에게 안전보건교육을 위한 장소와 자료 제공, 지원

  ④ 수급인이 근로자에게 안전보건교육의 실시 확인

  ⑤ 어느 하나의 경우에 대비한 경보체계 운영과 대피방법 등 훈련

   • 작업 장소에서 발파작업을 하는 경우

   • 작업 장소에서 화재 · 폭발, 토사 · 구축물의 붕괴, 지진 발생 경우

  ⑥ 위생시설의 설치를 위한 장소의 제공, 도급인의 위생시설 이용 협조

(6) 물질안전보건자료에 관한 사항

(7) 작업환경측정에 관한 사항

(8) 그 밖에 고용노동부령으로 정하는 안전 및 보건에 관한 사항

  근로자 건강진단자료(X)

3 위험성평가 실시(사업주가 시행) 〈법 36조, 규칙 37조〉

(1) 건설물, 기계 · 기구 · 설비, 원재료, 가스, 증기, 분진, 근로자의 작업행동 또는 그 밖의 업무로 인한 유해 · 위험 요인을 찾아

(2) 부상 및 질병으로 이어질 수 있는 위험성의 크기가 허용 가능한 범위인지를 평가 하고,

(3) 그 결과에 따라 이 법과 이 법에 따른 명령에 따른 조치 시행

(4) 근로자에 대한 위험 또는 건강장해 방지를 위한 필요한 추가 조치

(5) 사업주는 위험성평가 시 작업장의 근로자를 참여시켜야 함

(6) 사업주는 다음 사항을 포함한 위험성평가 결과와 조치사항을 기록하고 3년간 보존

　① 위험성평가 대상의 유해 · 위험요인

　② 위험성 결정의 내용

　③ 위험성 결정에 따른 조치의 내용

　④ 그 밖에 위험성평가의 실시내용을 확인하기 위하여 필요한 사항

(7) 위험성평가의 방법, 절차 및 시기, 그 외 사항은 장관이 정하여 고시

❹ 안전보건표지 설치 · 부착(사업주가 시행) 〈법 37조, 규칙 38~39조〉

(1) 사업주는 유해하거나 위험한 장소 · 시설 · 물질에 대한 경고,

(2) 비상시 대처를 위한 지시 · 안내와 근로자 안전 및 보건 의식을 고취를 위하여 그림, 기호 및 글자 등으로 나타낸 표지를 근로자가 쉽게 알아 볼 수 있도록 설치하거나 부착

(3) 외국인근로자를 사용하는 사업주는 외국인근로자의 모국어로 안전보건표지 부착

(4) 안전보건표지 종류, 형태, 색채 등은 고용노동부령으로 정함

　① 안전보건표지의 표시를 명확히 하기 위하여 필요한 경우에는 그 안전보건표지의 주위에 표시사항을 글자로 덧붙여 적을 수 있음. 이 경우 글자는 흰색 바탕에 검은색 한글고딕체로 표기

　② 안전보건표지에 사용되는 색채의 색도기준 및 용도는 별표 8과 같고, 사업주는 사업장에 설치하거나 부착한 안전보건표지의 색도기준이 유지되도록 관리

　③ 안전보건표지에 관하여 법 또는 법에 따른 명령에서 규정하지 않은 사항으로서 다른 법 또는 다른 법에 따른 명령에서 규정한 사항이 있으면 그 부분에 대해서는 그 법 또는 명령 적용

　④ 사업주는 안전보건표지를 설치하거나 부착할 때에는 근로자가 쉽게 알아볼 수 있는 장소 · 시설 또는 물체에 설치하거나 부착

　⑤ 사업주는 안전보건표지를 설치하거나 부착할 때에는 흔들리거나 쉽게 파손되지 않도록 견고하게 설치하거나 부착

　⑥ 안전보건표지의 성질상 설치하거나 부착하는 것이 곤란한 경우에는 해당 물체에 직접 도색 가능

5 사업주의 안전조치(사업주가 조치) 〈법 38조〉

위험으로 인한 산업재해 예방을 위한 사업주의 조치시항

(1) 기계 · 기구, 그 밖의 설비에 의한 위험

(2) 폭발성, 발화성 및 인화성 물질 등에 의한 위험

(3) 전기, 열, 그 밖의 에너지에 의한 위험

(4) 사업주는 굴착, 채석, 하역, 벌목, 운송, 조작, 운반, 해제, 중량물취급 등 불량한 작업방법의 위험으로 인한 산업재해를 예방조치

(5) 사업주는 다음의 해당하는 장소에서 작업 시 산업재해 예방을 위한 필요 조치를 해야 함

  ① 근로자가 추락할 위험이 있는 장소

  ② 토사, 구축물 등이 붕괴할 우려가 있는 장소

  ③ 물체가 떨어지거나 날아올 위험이 있는 장소

  ④ 천재지변으로 인한 위험이 발생할 우려가 있는 장소

(6) 사업주가 상기 조치에 관한 구체적인 사항은 고용노동부령으로 정함

6 사업주의 보건조치(사업주가 조치) 〈법 39조〉

(1) 사업주는 근로자의 건강장해 예방을 위한 필요한 조치를 해야 함

  ① 원재료 · 가스 · 증기 · 분진 흄, 미스트(공기 중 액체방울) · 산소결핍 · 병원체 등에 의한 건강장해

  ② 방사선 · 유해광선 · 고온, 저온 · 초음파 · 소음 · 진동 · 이상기압 등에 의한 건강장해

  ③ 사업장에서 배출되는 기체 · 액체 또는 찌꺼기 등에 의한 건강장해

  ④ 계측감시, 컴퓨터 조작, 정밀공작 등의 작업에 의한 건강장해

  ⑤ 단순 반복작업, 인체에 과도한 부담을 주는 작업에 의한 건강장해

  ⑥ 환기 · 채광 · 조명 · 보온 · 방습 · 청결 등의 적정기준을 유지하지 아니하여 발생하는 건강장해

(2) 사업주의 보건조치에 관한 구체적인 사항은 고용노동부령으로 정함

(3) 사업주의 안전조치 및 보건조치 시행은 고용노동부령 조치이므로 근로자는 지켜야 함

[14] 고객응대근로자 건강장해 예방조치

〈법 41조, 영 41조, 규칙 41조〉

(1) 고객을 직접 대면, 통신망을 통하여 상품을 판매, 서비스를 제공하는 업무에 종사하는 근로자에게 고객의 폭언, 폭행으로 인한 건강장해를 예방하기 위한 필요한 조치를 하여야 한다.

    ① 폭언 등을 하지 않도록 요청하는 문구 게시 또는 음성 안내

    ② 고객과 문제 발생 시 대처방법과 고객응대업무 매뉴얼 마련

    ③ 고객응대업무 매뉴얼의 내용 및 건강장해 예방 관련 교육 실시

    ④ 고객응대근로자의 건강장해 예방을 위하여 필요한 조치

(2) 고객의 폭언 등으로 인하여 고객응대근로자에게 건강장해가 발생하거나 발생할 우려가 있는 경우, 업무의 일시적 중단 또는 전환 등 대통령령으로 정하는 필요한 조치를 하여야 한다.

    ① 업무의 일시적 중단 또는 전환

    ② 휴게시간의 연장

    ③ 폭언 등으로 인한 건강장해 관련 치료 및 상담 지원

    ④ 관할 수사기관 또는 법원에 증거물·증거서류를 제출하는 등과 폭언 등으로 인하여 고소, 고발 또는 손해배상 청구 등을 지원

(3) 고객응대근로자는 사업주에게 (2)에 따른 조치 요구 가능, 사업주는 고객응대근로자의 요구를 이유로 해고, 불리한 처우 불가

[15] 유해위험방지계획서 작성 · 제출

1 유해위험방지계획서 작성 · 제출〈법42조, 영 42조, 규칙42조〉

사업주는 다음에 해당하는 경우에는 유해위험방지계획서를 작성하고 고용노동부장관에게 제출하고 심사받아야 한다. 다만, (3)에 해당하는 사업주 중 산업재해발생률 등을 고려하여 고용노동부령으로 정하는 기준에 해당하는 사업주는 유해위험방지계획서를 스스로 심사하고, 그 심사결과서를 작성하여 고용노동부장관에게 제출하여야 한다.

(1) 아래 사업의 종류 및 규모에 해당하는 사업으로 건설물 기계 · 기구 및 설비 등 설치 · 이전, 구조부분을 변경하려는 경우(전기 계약용량이 300킬로와트 이상)

① 금속가공제품 제조업 ; 기계 및 가구 제외

② 비금속 광물제품 제조업

③ 기타 기계 및 장비 제조업

④ 자동차 및 트레일러 제조업

⑤ 식료품 제조업

⑥ 고무제품 및 플라스틱제품 제조업

⑦ 목재 및 나무제품 제조업

⑧ 기타 제품 제조업

⑨ 1차 금속 제조업

⑩ 가구 제조업

⑪ 화학물질 및 화학제품 제조업

⑫ 반도체 제조업

⑬ 전자부품 제조업

(2) 아래의 유해하거나 위험한 작업 또는 장소에서 사용하거나 건강장해를 방지를 위한 기계 · 기구 및 설비를 설치 · 이전, 구조부분을 변경하려는 경우

① 금속이나 그 밖의 광물의 용해로

② 화학설비

③ 건조설비

④ 가스집합 용접장치

⑤ 제조 등 금지물질 또는 허가대상물질 관련 설비

⑥ 분진작업 관련 설비

(3) 대통령령으로 정하는 크기, 높이 등의 건설공사를 착공하는 경우

　(재해발생률이 높은 건설업은 자체 심사 및 그 결과를 장관에게 제출)

　① 아래 건축물 또는 시설 등의 건설·개조 또는 해체공사

　　㉠ 지상높이가 31미터 이상인 건축물 또는 인공구조물

　　㉡ 연면적 3만제곱미터 이상인 건축물

　　㉢ 아래의 연면적 5천제곱미터 이상인 시설

　　　• 문화 및 집회시설

　　　• 판매시설, 운수시설(철도의 역사 제외)

　　　• 종교시설

　　　• 의료시설 중 종합병원

　　　• 숙박시설 중 관광숙박시설

　　　• 지하도상가

　　　• 냉동·냉장 창고시설

　② 연면적 5천제곱미터 이상인 냉동·냉장 창고시설 설비공사 및 단열공사

　③ 최대 지간(支間)길이(보와 보의 거리)가 50미터 이상인 다리 건설

　④ 터널의 건설 등 공사

　⑤ 다목적댐, 발전용, 저수용량 2천만톤 이상의 용수 전용 댐

　⑥ 깊이 10미터 이상인 굴착공사

(4) 건설공사는 유해위험방지계획서를 작성할 때 건설안전 분야의 자격을 갖춘 자의 의견을 들어야 한다.

　① 건설안전분야 산업안전지도사

　② 건설안전기술사(토목·건축기술사)

　③ 건설안전기사 취득 후 실무경력 5년

　④ 건설산업안전기사 취득 후 실무경력 7년

(5) 공정안전보고서를 장관에게 제출 시 유해위험방지계획서 제출로 본다.

(6) 고용노동부장관은 제출된 유해위험방지계획서를 심사하여 그 결과를 사업주에게 서면 통보(작업, 공사 중지와 유해위험방지계획서의 변경 명함)

　① 제출 : 해당 작업 시작 15일 전, 건설공사는 착공 전날까지

　② 부수 : 2부(공단 제출)

　③ 심사 : 접수일 15일 이내 심사, 그 결과를 사업주에게 통보

(7) 사업주는 스스로 심사하거나 고용노동부장관이 심사한 유해위험방지계획서와 그 심사결과서를 사업장에 갖추어(비치) 두어야 한다.

※ 자체심사 건설업자 기준(자체심사 할 수 있는 건설업)

　　직전 3년간 평균산업재해발생률 이하이며, 안전관리자를 3명 이상의 안전만을 전담하는 과 또는 팀 별도 조직이 있고 직전연도 건설업체 산업재해예방활동 실적 평가 점수가 70점 이상이고 동시에 2명 이상의 근로자가 사망한 재해가 없는 건설업체. 다만, 동시에 2명 이상 사망 시 즉시 자체심사 및 확인업체에서 제외

(8) 건설공사 사업주로서 유해위험방지계획서 및 그 심사결과서를 사업장에 갖추어 둔 사업주는 공사의 공법의 변경 등으로 인하여 그 유해위험방지계획서를 변경한 경우도 갖추어 두어야 한다.

※ 건설공사는 유해위험방지계획서와 안전관리계획서를 통합 작성하여 제출 가능

(9) 유해위험방지계획서 첨부서류

　① 작성기준, 작성자, 심사기준

　② 건축물 각층 평면도

　③ 기계, 설비의 개요내용 서류

　④ 기계, 설비의 배치도면

　⑤ 원재료, 제품의 취급 · 제조 등 작업방법의 개요

※ 공단은 심사 결과 부적정 판정을 한 경우 통지서에 그 이유를 기재하여 지방고용노동관서의 장에게 통보하고, 사업장 소재지 특별자치시장 · 특별자치도지사 · 시장 · 군수 · 구청장에게 통보해야 한다(지방고용노동관서의 장은 사실 여부를 확인한 후 공사착공중지명령, 계획변경명령 등 필요한 조치를 해야 한다).

2 유해위험방지계획서 이행의 확인 〈법 43조, 영 42조, 규칙 46조〉

(1) 유해위험방지계획서의 이행에 관하여 고용노동부장관(공단)의 확인을 받음

　① 기계, 기구, 설비는 시운전 단계

　② 건설공사는 6개월 이내마다

　※ 유해위험방지계획서 이행 확인 결과 적정 시 5일 이내 통보

(2) 유해위험방지계획서의 이행에 관하여 건설공사 스스로 확인. 다만, 근로자가 사망한 경우에는 유해위험방지계획서의 이행은 고용노동부장관의 확인을 받아야 한다.

(3) 유해 · 위험방지를 위한 조치가 되지 아니하는 경우에는 장관은 시설의 개선, 사용중지, 작업중지 등 필요한 조치를 명할 수 있다.

　① 공단은 중대한 유해위험이 있는 경우 지체 없이 관할 노동관서의 장에게 보고

② 경미한 개선 권고에 응하지 않을 경우 개선요청 만료일 10일 이내에 관할지방 노동관서의 장에게 보고

(4) 시설 등의 개선, 사용중지 또는 작업중지 등의 절차 및 방법, 그 밖에 필요한 사항은 고용노동부령으로 정한다.

[16] 공정안전보고서 작성 · 제출

〈법 44조, 영 43조, 규칙 50조〉

(1) 사업주는 유해하거나 위험한 아래의 설비가 있는 경우 공정안전보고서 작성, 제출, 심의

　※ 중대산업사고 : 1항~7항까지의 사업으로 발생하는 사고

　　• 근로자가 사망하거나 부상을 입을 수 있는 누출 · 화재 · 폭발 사고

　　• 인근 지역의 주민이 인적 피해를 입을 수 있는 누출 · 화재 · 폭발 사고

　① 원유 정제처리업

　② 기타 석유정제물 재처리업

　③ 석유화학계 기초화학물질 제조업, 합성수지, 플라스틱 제조업

　④ 질소 화합물, 질소 · 인산 및 질소질 비료 제조

　⑤ 복합비료 및 복합비료 제조

　⑥ 화학 살균 · 살충제 및 농업용 약제 제조업

　⑦ 화약 및 불꽃제품 제조업

　※ 사업주는 중대산업사고 예방을 위한 공정안전보고서를 작성 · 제출하고 고용노동부장관의 심의를 받음

　※ 심사 후 적합 통보받기 전 유해 · 위험 설비를 가동하면 안 됨

(2) 다음 설비는 유해 · 위험한 설비로 보지 않는다.

　① 원자력 설비

　② 군사시설

　③ 사업장 내에서 직접 사용를 위한 난방용 연료의 저장 및 사용설비

　④ 도매 · 소매시설

　⑤ 차량 등의 운송설비

　⑥ 「액화석유가스의 안전관리법」의 액화석유가스의 충전, 저장시설

　⑦ 「도시가스사업법」에 따른 가스공급시설

(3) 공정안전보고서를 작성할 때 산업안전보건위원회의 심의를 거쳐야 함. 다만, 공정안전보건위원회가 없는 사업장은 근로자대표의 의견 수렴

(4) 공정안전보고서 세부 내용

① 공정안전자료

② 공정위험성 평가서

③ 안전운전계획

④ 비상조치계획

⑤ 공정상의 안전에 대한 필요하다고 인정하여 고시하는 사항

1~4항까지 규정의 세부 내용은 고용노동부령으로 정한다.

(5) 고용노동부장관은 공정안전보고서를 심사하여 결과를 사업주에게 서면 통보

① 공단은 공정안전보고서를 제출받은 날부터 30일 이내에 심사

② 1부를 사업주에게 송부하고, 지방고용노동관서의 장에게 보고

③ 공단은 공정안전보고서 화재의 예방·소방 등과 관련된 내용을 관할 소방관서의 장에게 통보

④ 장관은 공정안전보고서의 변경 명령가능

※ 사업주는 심사를 받은 공정안전보고서를 사업장에 비치하고 근로자와 사업주는 공정안전보고서의 내용을 이행해야 한다.

(6) 사업주는 심사받은 공정안전보고서의 내용의 실제 이행 여부를 고용노동부장관에게 확인받아야 한다.

① 공정안전보고서를 제출하여 심사를 받은 다음의 시기별로 공단의 확인을 받아야 한다(자체감사 결과를 공단에 제출 시 생략).

• 신규설비, 유해·위험한 설비 설치과정 완료 후 시운전단계 각 1회

• 기존에 사용 중인 유해·위험한 설비 심사 완료 후 3개월 이내

• 유해·위험한 설비의 중대한 변경시 변경 완료 후 1개월 이내

• 유해·위험설비 공정에 중대한 사고, 결함 발생 시 1개월 이내(안전보건진단을 받은 사업장 등 장관이 고시하는 사업장의 경우에는 공단의 확인을 생략할 수 있다)

• 공단은 사업주로부터 확인요청을 받은 날부터 1개월 이내에 확인하고, 확인한 날부터 15일 이내에 사업주에게 통보, 관할 장에게 보고

(7) 심사를 받은 공정안전보고서의 내용을 변경 사유가 발생 즉시 변경

(8) 고용노동부장관은 공정안전보고서의 이행 상태를 정기적으로 평가 가능

① 공정안전보고서의 확인(신규는 설치 완료 후 시운전단계) 후 1년이 지난 날부터 2년 이내에 공정안전보고서 이행상태 평가

② 장관은 이행상태 평가 후 4년마다 이행상태를 평가해야 함. 다만, 다음 경우에는 1년 또는 2년마다 이행상태 평가
- 이행상태 평가 후 사업주가 이행상태 평가를 요청하는 경우
- 변경요소 미준수로 공정안전보고서 이행상태가 불량한 것으로 인정되는 경우 등 고용노동부장관이 정하여 고시하는 경우
③ 이행상태 평가는 공정안전보고서의 세부내용에 관하여 실시한다.
　ⓐ 공정안전자료
　　- 취급·저장하려는 유해·위험물질의 종류 및 수량
　　- 유해·위험물질에 대한 물질안전보건자료
　　- 유해하거나 위험한 설비의 목록 및 사양
　　- 유해·위험한 설비의 운전방법을 알 수 있는 공정도면
　　- 각종 건물·설비의 배치도
　　- 폭발위험장소 구분도 및 전기단선도
　　- 위험설비의 안전설계·제작 및 설치 관련 지침서
　ⓑ 공정위험성평가서 및 잠재위험의 사고예방·피해 최소화 대책
　　- 체크리스트(Check List)
　　- 상대위험순위 결정(Dow and Mond Indices)
　　- 작업자 실수 분석(HEA)
　　- 사고 예상 질문 분석(What-if)
　　- 위험과 운전 분석(HAZOP)
　　- 이상위험도 분석(FMECA)
　　- 결함 수 분석(FTA)
　　- 사건 수 분석(ETA)
　　- 원인결과 분석(CCA)
　　- 상기 규정과 같은 수준 이상의 기술적 평가기법
　ⓒ 안전운전계획
　　- 안전운전지침서
　　- 설비점검·검사 및 보수계획, 유지계획 및 지침서
　　- 안전작업허가
　　- 도급업체 안전관리계획
　　- 근로자 등 교육계획
　　- 가동 전 점검지침

- 변경요소 관리계획
- 자체감사 및 사고조사계획
- 그 밖에 안전운전에 필요한 사항

② 비상조치계획
- 비상조치를 위한 장비 · 인력 보유현황
- 사고발생 시 각 부서 관련 기관과의 비상연락체계
- 사고발생 시 비상조치를 위한 조직의 임무 및 수행 절차
- 비상조치계획에 따른 교육계획
- 주민홍보계획
- 그 밖에 비상조치 관련 사항

(9) 고용노동부장관은 평가 결과 불량한 사업장의 사업주에게는 공정안전보고서의 변경을 명할 수 있고, 이를 불이행 시 다시 제출 명함

[17] 안전보건진단

〈법 47조, 영 46조, 규칙 55조〉

1 안전보건진단

(1) 고용노동부장관은 추락 · 붕괴 · 화재 · 폭발, 유해, 위험한 물질의 누출 등 산업재해
발생의 위험이 현저히 높은 사업장의 사업주에게 "안전보건진단기관"이 실시하는
안전보건진단을 명할 수 있다.

　　※ 기계, 화공, 전기, 건설 등 분야별로 한정하여 진단 명령

(2) 사업주는 안전보건진단 명령을 받고 15일 이내 안전보건진단기관에 안전보건진단을
의뢰하여야 한다.

(3) 사업주는 안전보건진단에 적극 협조하고, 방해 또는 기피해서는 아니 된다. 근로자대
표가 요구 시 안전보건진단에 근로자대표를 참여시킴

(4) 안전보건진단기관은 안전보건진단 결과보고서를 진단의뢰를 받은 날로부터 30일
이내에 사업주와 관할노동관서 장에게 제출

　　① 진단결과보고서 내용

　　　• 산업재해 또는 사고의 발생원인, 작업조건과 작업방법에 대한 평가

　　　• 조사내용의 평가 및 측정결과와 개선방법

2 안전보건진단의 종류 및 내용 〈영 46조 1항, 별표 14〉

종류	진단내용
종합진단	1. 경영 · 관리적 사항에 대한 평가 　가. 산업재해 예방계획의 적정성 　나. 안전 · 보건 관리조직과 그 직무의 적정성 　다. 산업안전보건위원회 설치 · 운영, 명예산업안전감독관의 역할 등 근로자의 참여 정도 　라. 안전보건관리규정 내용의 적정성 2. 산업재해 또는 사고의 발생 원인(산업재해 또는 사고가 발생한 경우만 해당한다) 3. 작업조건 및 작업방법에 대한 평가 4. 유해 · 위험요인에 대한 측정 및 분석 　가. 기계 · 기구 또는 그 밖의 설비에 의한 위험성 　나. 폭발성 · 물반응성 · 자기반응성 · 자기발열성 물질, 자연발화성 액체 · 고체 및 인화성 액체 등에 의한 위험성

종류	진단내용
종합진단	다. 전기 · 열 또는 그 밖의 에너지에 의한 위험성 라. 추락, 붕괴, 낙하, 비래(飛來) 등으로 인한 위험성 마. 그 밖에 기계 · 기구 · 설비 · 장치 · 구축물 · 시설물 · 원재료 및 공정 등에 의한 위험성 바. 법 제118조제1항에 따른 허가대상물질, 고용노동부령으로 정하는 관리대상 유해 질 및 온도 · 습도 · 환기 · 소음, 진동 · 분진, 유해광선 등의 유해성 또는 위험성 5. 보호구, 안전 · 보건장비 및 작업환경 개선시설의 적정성 6. 유해물질의 사용 · 보관 · 저장, 물질안전보건자료의 작성, 근로자 교육 및 경고표시 부착의 적정성 7. 그 밖에 작업환경 및 근로자 건강 유지 · 증진 등 보건관리의 개선을 위하여 필요한 사항
안전진단	종합진단 내용 중 제2호 · 제3호, 제4호가목부터 마목까지 및 제5호 중 안전 관련 사항
보건진단	종합진단 내용 중 제2호 · 제3호, 제4호바목, 제5호 중 보건 관련 사항, 제6호 및 제7호

[18] 고용노동부장관의 시정조치 명령 사항

〈법 53조, 규칙 63조〉

(1) 고용노동부장관의 시정조치

장관은 사업주가 사업장의 안전 및 보건에 필요한 조치를 하지 아니하여 근로자에게
현저한 유해·위험의 우려가 있는 건설물·기계·기구·설비·원재료에 대하여
사용중지·대체·제거 또는 시설의 개선, 안전 및 보건에 필요한 시정조치를 명할
수 있다.

(2) 안전 및 보건에 필요한 시정조치 사항

① 안전보건규칙에서 건설물·기계·기구·설비·원재료의 안전, 보건조치
② 제조, 수입, 양도 등 불법적인 안전인증대상기계 등의 사용금지
③ 제조, 수입, 양도 등 불법적인 자율안전확인대상기계 등의 사용금지
④ 안전검사 미검사/불합격한 안전검사대상기계 등의 사용금지
⑤ 인정이 취소된 안전검사대상기계 등의 사용금지
⑥ 제조, 수입, 양도 등 금지물질의 사용금지
⑦ 허가대상물질에 대한 허가의 취득(후 사용)

(3) 사업주는 해당 기계·설비 등에 대하여 시정조치를 완료할 때까지 시정조치명령
사항을 근로자가 쉽게 볼 수 있는 장소에 게시

① 사업주는 위반 장소 또는 사내 게시판 부착하여 근로자 알려야 함
② 시정조치 해제 시까지 건설물·기계·설비·원재료 등 사용금지

(4) 장관이 기계·설비 등에 대한 시정조치 명령 불이행으로 유해·위험이 있는 경우
당해 설비와 관련된 작업의 전부, 일부의 중지를 명함
(5) 작업중지 명령을 받고 그 시정조치를 완료한 경우 작업중지 해제요청
(6) 장관은 해제요청에 대한 시정조치 완료 판단 시 사용중지, 작업중지 해제

[19] 중대재해 발생시 사업주의 조치 사항

〈법 54조, 규칙 67조〉

1 중대재해 발생 시 사업주의 조치

(1) 사업주는 중대재해 발생 시 즉시 해당 작업을 중지시키고 근로자를 작업장소에서 대피시키는 등 안전 보건의 필요한 조치를 하여야 함

(2) 중대재해 발생 시 지체 없이 고용노동부장관 장에게 보고(천재지변 등 부득이한 사유 발생 시 그 사유가 소멸되면 지체 없이 보고)

① 보고방법 : 전화, 팩스, 적절한 방법

② 보고사항

- 발생 개요 및 피해 상황
- 조치 및 전망
- 그 밖의 중요한 사항

2 중대재해 발생 시 고용노동부장관의 작업중지 조치

(1) 장관은 중대재해 시 다음에 해당하는 작업으로 해당 사업장에 산업재해가 다시 발생할 급박한 위험이 있다고 판단되는 경우에는 그 작업의 중지를 명할 수 있음(작업중지명령서 발부)

① 중대재해가 발생한 해당 작업

② 중대재해가 발생한 작업과 동일한 작업

(2) 장관은 토사·구축물의 붕괴, 화재·폭발, 유해하거나 위험한 물질의 누출로 중대재해가 발생하여 그 재해가 발생한 장소 주변으로 산업재해가 확산될 수 있다고 판단되는 등 불가피한 경우에는 해당 사업장의 작업 중지 가능

(3) 장관은 사업주가 작업중지의 해제를 요청한 경우에는 작업중지 해제에 관한 전문가 등으로 구성된 심의위원회의 심의를 거쳐 작업중지 해제

(4) 작업중지 해제의 요청 절차 및 방법, 심의위원회의 구성·운영

① 사업주가 작업중지명령 해제신청서를 관할지방의 장에게 제출

② 미리 유해·위험요인 개선내용을 중대재해가 발생한 해당 작업근로자의 의견을 청취

③ 지방고용노동관서의 장은 해제를 요청받은 경우에는 근로감독관의 안전·보건 조치를 확인하도록 하고, 천재지변 등 불가피한 경우를 제외하고는 해제요청일 다음 날부터 4일 이내 작업중지해제 심의위원회를 개최하여 심의한 후 해당조치가 완료 판단 시 즉시 명령 해제

④ 심의위원회는 관할관서의 장, 공단 내 전문가 및 해당 사업장과 이해관계가 없는 외부전문가 등을 포함하여 4명 이상 구성

❸ 중대재해의 원인조사

(1) 장관은 중대재해 발생 시 원인규명과 산업재해 예방대책 수립을 위하여 그 발생 원인을 조사할 수 있음

(2) 장관은 중대재해가 발생한 사업장의 사업주에게 안전보건개선계획의 수립·시행, 그 밖에 필요한 조치를 명할 수 있다.

(3) 중대재해 발생 현장을 훼손하거나 원인조사를 방해해서는 안 됨

(4) 중대재해 발생 시 원인조사의 내용 및 절차, 필요한 사항
  ① 현장을 방문하여 조사
  ② 조사에 필요한 안전보건 관련 서류 조사
  ③ 목격자의 진술 확보
  ④ 중대재해의 원인이 사업주의 법 위반인지 조사

[20] 산업재해의 보고 및 기록 · 보존

〈법 57조, 규칙 72조〉

1 산업재해 기록

사업주는 산업재해의 발생 시 다음 사항을 기록 · 보존

(1) 사업장의 개요 및 근로자의 인적사항

(2) 재해 발생의 일시 및 장소

(3) 재해 발생의 원인 및 과정

(4) 재해 재발방지 계획

2 산업재해 발생 보고

사업주는 산업재해의 발생 개요 · 원인 및 보고 시기, 재발방지 계획 등을 고용노동부장관에게 보고

(1) 산업재해로 사망자가 발생하거나 3일 이상의 휴업이 필요한 부상을 입거나 질병에 걸린 사람이 발생한 경우

→ 산업재해가 발생한 날부터 1개월 이내에 산업재해조사표를 지방고용노동관서의 장에게 제출(전자문서로 제출 가능)

(2) 사업주는 산업재해조사표에 근로자대표의 확인과 이견의 내용 첨부

(근로자대표가 없는 경우, 재해자 본인의 확인을 받아 제출)

(3) 산업재해발생 보고에 필요한 사항은 고용노동부장관이 정함

(4) 「산업재해보상보험법」에 따라 요양급여의 신청을 받은 근로복지공단은 공단으로부터 요양신청서 사본, 요양업무 관련 전산입력자료, 산업재해예방업무 수행에 필요한 자료의 송부 요청에 협조

[21] 도급사업의 산업재해 예방

〈법 · 규칙 5장〉

1 유해작업 도급금지

사업주는 근로자에 유해하거나 위험한 작업으로서, 수급인의 근로자 그 작업을 하도록 해서는 아니 된다.

(1) 도금작업

(2) 수은, 납 또는 카드뮴을 제련, 주입, 가공 및 가열하는 작업

(3) 허가대상물질을 제조하거나 사용하는 작업

2 유해작업 중 도급 가능 작업

(1) 사업주는 다음 경우에 작업을 도급하여 자신의 사업장에서 수급인의 근로자가 그 작업을 하도록 할 수 있음(사업주는 산업재해 예방을 위한 조치 능력을 갖춘 사업주에게 도급 의무)

  ① 일시 · 간헐적으로 하는 작업을 도급하는 경우

  ② 수급인이 보유한 기술이 전문적이고 사업주의 사업 운영에 필수 불가결한 경우로서 고용노동부장관의 승인을 받은 경우

(2) 사업주는 고용노동부장관의 도급승인을 받으려는 경우에는 장관이 실시하는 다음의 안전 및 보건에 관한 평가를 받아야 한다.

  ① 작업조건 및 작업방법에 대한 평가

  ② 유해 · 위험요인에 대한 측정 및 분석

  ③ 보호구, 안전 · 보건장비 및 작업환경 개선시설의 적정성

  ④ 유해물질의 사용 · 보관 · 저장, 물질안전보건자료의 작성, 근로자 교육 및 경고 표시 부착의 적정성

  ⑤ 수급인의 안전보건관리 능력의 적정성

  ⑥ 작업환경 및 근로자 건강 유지 · 증진 등 보건관리의 개선을 위하여 필요한 사항

(3) 도급승인의 유효기간은 3년의 범위에서 정한다.

(4) 장관은 유효기간 만료 시 사업주가 유효기간의 연장을 신청하면 승인의 유효기간이 만료되는 날의 다음 날부터 3년의 범위 연장

  ※ 사업주는 도급 연장 시 안전 및 보건에 관한 평가를 받아야 함

(5) 사업주는 승인을 받은 사항 중 사항을 변경하려는 경우에는 승인을 받아야 함

(6) 승인, 연장승인 또는 변경승인을 받은 자가 기준에 미달하게 된 경우에는 승인, 연장승인 또는 변경승인을 취소

(7) 승인, 연장승인 또는 변경승인의 기준·절차 및 방법, 필요사항은 고용노동부령으로 정함(신청일로부터 14일 이내 승인서 발급)

(8) 도급승인 변경요청 가능 사항
　① 도급공정
　② 도급공정 사용 최대 유해화학 물질량
　③ 도급기간 3년 미만 내에서 연장하려는 경우

(9) 도급승인 신청 시 첨부서류
　① 도급대상 작업의 공정 관련 서류
　② 도급작업 안전보건관리계획서
　③ 안전 및 보건에 관한 평가 결과
　④ 작업공정의 안전성

❸ 도급의 승인 시 하도급 금지

승인, 연장승인 또는 변경승인 받은 작업을 도급받은 수급인은 그 작업을 하도급할 수 없다.

❹ 도급인의 안전조치 및 보건조치 〈법 63조〉

도급인은 관계수급인 근로자가 도급인의 사업장에서 작업을 하는 경우에 자신의 근로자와 관계수급인 근로자의 산업재해를 예방하기 위하여 안전조치 및 보건조치를 하여야 한다(보호구 착용의 지시 등 관계수급인 근로자의 작업행동에 관한 직접적인 조치는 제외).

❺ 도급인의 산업재해 예방조치 〈법 64조〉

(1) 도급인은 관계수급인 근로자가 도급인의 사업장에서 작업을 하는 경우 다음 사항을 이행하여야 한다.
　① 도급인과 수급인을 구성원으로 하는 안전 및 보건에 관한 협의체의 구성 및 운영
　　㉠ 협의체 구성은 도급인 및 그의 수급인 전원으로 구성
　　㉡ 협의체는 매월 1회 이상 정기적으로 회의하고 결과를 기록, 보존

ⓒ 협의체의 협의사항
- 작업의 시작 시간
- 작업 또는 작업장 간의 연락방법
- 재해발생 위험이 있는 경우 대피방법
- 작업장에서의 법 제36조에 따른 위험성평가의 실시에 관한 사항
- 사업주와 수급인(상호 간)의 연락 방법 및 작업공정의 조정

② 작업장 순회점검
ⓐ 2일에 1회 이상
- 건설업
- 제조업
- 토사석 광업
- 서적, 잡지 및 기타 인쇄물 출판업
- 음악 및 기타 오디오물 출판업
- 금속 및 비금속 원료 재생업
ⓑ 1주일에 1회 이상 : 상기 사업을 제외한 사업
※ 관계수급인은 도급인이 실시하는 순회점검을 거부·방해, 기피해서는 안 되며 점검 결과 도급인의 시정요구에 응해야 하고 도급인은 관계수급인이 실시하는 근로자의 안전·보건교육에 필요한 장소 및 자료의 제공에 협조해야 함

③ 관계수급인이 근로자에게 하는 안전보건교육의 장소 및 자료의 제공 등 지원
④ 관계수급인이 근로자에게 하는 안전보건교육의 실시 확인
⑤ 다음의 경우에 대비한 경보체계 운영과 대피방법 등 훈련
- 작업 장소에서 발파작업을 하는 경우
- 작업장에서 화재·폭발, 토사·구출물 등의 붕괴·지진이 발생한 경우
⑥ 위생시설 설치를 위해 필요한 장소의 제공 또는 도급인이 설치한 위생시설 이용의 협조

(2) 도급인은 자신의 근로자 및 관계수급인 근로자와 함께 정기적으로 또는 수시로 작업장의 안전 및 보건에 관한 점검을 하여야 함

(3) 안전 및 보건에 관한 협의체 구성 및 운영, 작업장 순회점검, 안전보건교육 지원, 그 밖에 필요한 사항은 고용노동부령으로 정함

6 도급인의 안전 및 보건 정보를 수급인에게 제공 〈법 65조〉

(1) 도급하는 자는 수급인 근로자의 산업재해를 예방을 위하여 작업 시작 전에 수급인에게 안전 및 보건의 정보를 문서로 제공

① 화학물질 또는 그 화학물질을 함유한 혼합물을 제조 · 사용 · 운반 또는 저장하는 반응기 · 증류탑 · 배관 또는 저장탱크로서 설비를 개조 분해해체 또는 철거하는 작업

② 1항 설비의 내부에서 이루어지는 작업

③ 질식 또는 붕괴의 위험이 있는 작업

• 산소결핍, 유해가스 장소의 작업

• 토사 · 구축물 · 인공구조물 등의 붕괴 우려가 있는 장소의 작업

(2) 도급인이 안전 및 보건 정보를 해당 작업 시작 전까지 제공하지 아니한 경우에는 수급인이 정보 제공을 요청

※ 도급받은 수급인이 하도급하는 경우 제공받은 문서의 사본을 작업 시작 전에 제공

(3) 도급인은 수급인이 제공받은 안전 및 보건에 관한 정보에 따라 필요한 안전조치 및 보건조치를 확인

(4) 수급인은 도급인이 정보를 제공하지 아니하는 경우에는 해당 도급 작업을 아니할 수 있음. 이 경우 수급인은 이행 지체의 책임을 지지 않음

7 도급인이 수급인에게 시정조치 지시 〈법 66조〉

(1) 도급인은 관계수급인이 도급받은 작업 시 법 또는 이 법에 따른 명령을 위반하면 시정조치를 지시할 수 있음. 이 경우 관계수급인은 정당한 사유가 없으면 그 조치에 따라야 함

(2) 도급인은 다음 작업을 도급하는 경우에 수급인에게 그 위반행위를 시정하도록 필요한 조치 가능

① 화학물질 또는 그 화학물질개조, 분해 해체 또는 철거하는 작업

② 1항 설비의 내부에서 이루어지는 작업

③ 질식 또는 붕괴의 위험이 있는 작업

• 산소결핍, 유해가스 장소의 작업

• 토사 · 구축물 · 인공구조물 등의 붕괴 우려가 있는 장소의 작업

[22] 안전보건총괄책임자

〈법 62조, 영 52조〉

1 안전보건총괄책임자

(1) 도급인은 관계수급인 근로자가 도급인의 사업장에서 작업을 하는 경우에는 도급인의 근로자와 관계수급인 근로자의 산업재해를 예방하기 위한 업무를 총괄하여 관리하는 안전보건총괄책임자로 지정

  ※ 안전보건관리책임자를 두지 아니하여도 되는 사업장에서는 그 사업장에서 사업을 총괄하는 안전보건총괄책임자로 지정

(2) 안전보건총괄책임자를 지정한 경우에는 「건설기술 진흥법」에 따른 안전총괄책임자를 둔 것으로 봄

(3) 안전보건총괄책임자를 지정하여야 하는 사업의 종류와 사업장의 상시근로자 수, 안전보건총괄책임자의 직무 · 권한

2 안전총괄책임자를 지정해야 하는 사업장

(1) 관계수급인에게 고용된 근로자를 포함한 상시근로자가 100명 이상

(2) 선박, 보트 건조업, 1차 금속 제조업, 토사석 광업: 50명 이상

(3) 건설업 : 관계수급인의 공사금액을 포함 총공사금액이 20억 원 이상

3 안전보건총괄책임자의 직무

(1) 안전보건총괄책임자의 직무

  ① 위험성평가의 실시에 관한 사항

  ② 사업주는 급박한 위험 시 근로자의 작업 중지

  ③ 도급 시 산업재해 예방조치

  ④ 산업안전보건관리비의 관계수급인 간의 사용에 관한 협의 · 조정 및 그 집행의 감독

  ⑤ 안전인증대상기계 등과 자율안전확인대상기계 등의 사용 여부 확인

(2) 안전보건총괄책임자를 "안전보건관리책임자"로 봄

(3) 사업주는 안전보건총괄책임자를 선임 시 선임 서류 비치

[23] 건설업의 산업재해 예방

〈법 67조, 영 55조, 규칙 86조〉

❶ 건설공사발주자의 산업재해 예방 조치

(1) 총공사금액이 50억 원 이상인 건설공사의 공사발주자는 건설공사의 계획, 설계 및 시공 단계에서 각 대장을 작성하게 하여야 한다.

① 건설공사 계획단계

건설공사에서 중점적으로 관리할 유해 · 위험요인과 이의 감소방안을 포함한 기본안전보건대장을 작성할 것

- 공사규모, 공사예산 및 공사기간 등 사업개요
- 공사현장 제반 정보
- 공사 시 유해 · 위험요인과 감소대책 수립을 위한 설계조건

② 건설공사 설계단계

기본안전보건대장을 설계자에게 제공하고, 설계자로 하여금 유해 · 위험요인의 감소방안을 포함한 설계안전보건대장을 작성하게 하고 이를 확인할 것

- 안전한 작업을 위한 적정 공사기간 및 공사금액 산출서
- 설계조건을 반영하여 공사 중 발생할 수 있는 주요 유해 · 위험요인 및 감소대책에 대한 위험성평가 내용
- 유해위험방지계획서의 작성계획
- 안전보건조정자의 배치계획
- 산업안전보건관리비의 산출내역서
- 건설공사의 산업재해 예방 지도의 실시계획

③ 건설공사 시공단계

최초로 도급받은 수급인에게 설계안전보건대장을 제공하고, 안전한 작업을 위한 공사안전보건대장을 작성하게 하고 그 이행 여부를 확인할 것

- 설계안전보건대장의 위험성평가 내용이 반영된 공사 중 안전보건 조치 이행계획
- 유해위험방지계획서의 심사 및 확인결과에 대한 조치내용
- 계상된 산업안전보건관리비의 사용계획 및 사용내역
- 건설공사의 산업재해 예방 지도를 위한 계약 여부, 지도결과 및 조치 내용

(2) 기본안전보건대장, 설계안전보건대장 및 공사안전보건대장의 작성과 공사안전보건대장의 이행 여부 확인 방법 및 절차 등에 관하여 필요한 사항은 고용노동부장관이 정하여 고시

② 안전보건조정자 선임

(1) 건설공사가 같은 장소에 2개 이상의 건설공사로 각 공사의 금액의 합이 50억 원 이상이면 발주자는 산업재해를 예방하기 위하여 건설공사 현장에 다음 자격·조건을 가진 안전보건조정자를 두어야 함

① 산업안전지도사 자격을 가진 사람
② 발주청이 선임한 공사감독자
③ 건설공사 중 주된 공사의 책임감리자
  • 「건축법」에 따라 지정된 공사감리자
  • 감리업무를 수행하는 자
  • 「주택법」에 따라 지정된 감리자
  • 「전력기술관리법」에 따라 배치된 감리원
  • 「정보통신공사업법」에 따라 해당 공사에 감리업무를 수행하는 자
④ 안전보건관리책임자로서 3년 이상 재직한 사람
⑤ 건설안전기술사
⑥ 건설안전기사 자격 취득 후 건설안전 분야에서 5년 이상의 경력자
⑦ 건설안전산업기사 자격 취득 후 건설안전 분야에서 7년 이상 경력자

(2) 건설공사발주자는 안전보건조정자를 착공일 전날까지 각각의 공사 도급인에게 통지

③ 안전보건조정자의 임무

(1) 같은 장소에서 이루어지는 각각의 공사 간에 혼재된 작업 파악
(2) 혼재된 작업으로 인한 산업재해 발생의 위험성 파악
(3) 혼재된 작업에서 작업의 시기·내용 및 안전보건 조치 등의 조정
(4) 각각의 공사 도급인의 안전보건관리책임자 간 작업 내용에 관한 정보 공유 여부 확인
(5) 안전보건조정자는 업무 수행을 위해 공사의 도급인과 관계수급인에게 자료의 제출 요구 가능

④ 공사기간 단축 및 공법변경 금지

건설공사발주자 또는 공사도급인은 설계도서 등에 따라 산정된 공사시간 단축 불가
(공사비 축소로 위험성이 있는 공법/정당성 없는 공법 변경 불가)

⑤ 건설공사 기간의 연장

(1) 건설공사발주자는 산업재해 예방을 위하여 공사기간의 연장을 요청하면 특별한 사유
가 없으면 공사기간을 연장하여야 함
① 태풍·홍수 등 악천후, 전쟁·사변, 지진, 화재, 전염병, 폭동, 그 밖에 계약 당사
자가 통제할 수 없는 사태의 발생 등 불가항력의 사유
② 건설공사발주자에게 책임이 있는 사유로 착공이 지연, 시공이 중단된 경우
(2) 건설공사의 관계수급인도 상기 사유로 건설공사도급인 또는 건설공사 발주자에게
그 기간의 연장을 요청하여야 함

⑥ 설계변경의 요청 〈법 71조, 영 58조, 규칙 88조〉

(1) 건설공사도급인은 산업재해가 발생할 위험이 있다고 판단되면 건설공사 발주자에게
해당 건설공사의 변경 요청 가능. 단, 설계와 일괄 발주(턴키공사)는 제외
① 산업재해 발생 위험이 있어 설계변경이 가능한 구조물
• 높이 31미터 이상인 비계
• 작업발판 일체형 거푸집 또는 높이 6미터 이상인 거푸집동바리
• 터널의 지보공 또는 높이 2미터 이상인 흙막이 지보공
• 동력을 이용하여 움직이는 가설구조물
② 설계변경 가능 의견 수렴은 건축·토목분야 전문가로 건설공사도급인 또는 관계
수급인에게 고용되지 않은 사람으로 선정
• 건축구조기술사
• 토목구조기술사
• 토질및기초기술사
• 건설기계기술사
(2) 공사중지 또는 유해위험방지계획서의 변경 명령을 받은 건설공사도급인은 건설공사
발주자에게 설계변경을 요청할 수 있음
① 공사중지 또는 유해위험방지계획서의 변경 발주자에게 요청 시 첨부서류
• 유해위험방지계획서 심사결과 통지서
• 지방고용노동관서의 장이 명령한 공사착공중지명령 또는 계획변경명령 내용
• 설계변경 요청 대상 공사의 도면

- 당초 설계의 문제점 및 변경요청 이유서
- 재해발생의 위험이 높아 설계변경이 필요함을 증명할 서류

(3) 건설공사의 관계수급인은 건설공사도급인 또는 건설공사발주자에게 설계변경을 요청하여야 함

(4) 설계변경 요청을 받은 건설공사발주자는 그 요청받은 내용이 기술적으로 적용이 불가능한 명백한 경우가 아니면 이를 반영하여 설계를 변경하여야 함

(5) 설계변경의 요청 절차·방법, 그 밖에 필요한 사항은 국토교통부장관과 협의하여야 함

① 건설공사 설계변경 요청서에 다음 서류 첨부
- 설계변경 요청 대상 공사의 도면
- 당초 설계의 문제점 및 변경요청 이유서
- 가설구조물의 구조계산서 등 당초 설계의 안전성에 관한 전문가의 검토의견서 및 그 전문가의 자격증 사본
- 재해발생의 위험이 높아 설계변경이 필요함을 증명할 서류

② 건설공사도급인은 요청서를 받은 날부터 30일 이내 설계변경 승인을 수급인에게 통지 또는 수급인의 설계변경 요청서를 받은 날부터 10일 이내에 공사발주자에게 제출. 이때 1항 서류 첨부 제출

③ 건설공사발주자는 설계변경 요청서를 받은 날부터 30일 이내에 설계를 변경한 후 건설공사도급인에게 통보

④ 수급인이 설계변경을 요청한 경우 도급인은 통보받은 날부터 5일 이내에 관계수급인에게 그 결과를 통보

7 건설공사의 산업안전보건관리비 계상 〈법 72조, 규칙 89조〉

(1) 건설공사발주자가 건설공사 사업 계획을 수립할 때에는 산업안전보건관리비를 도급금액 또는 사업비에 계상(計上)하여야 함

(2) 고용노동부장관은 산업안전보건관리비의 효율적인 사용을 위하여 다음 사항을 정할 수 있음
- 사업의 규모별·종류별 계상 기준
- 건설공사의 진척 정도에 따른 사용비율 등 기준
- 그 밖에 산업안전보건관리비의 사용에 필요한 사항

(3) 건설공사도급인은 산업안전보건관리비의 사용명세서를 작성·보존해야 함
① 매월 작성하고 건설공사 종료 후 1년간 보존

② 산업재해보상보험법의 적용을 받는 공사 중 총공사금액 4천만 원 이상인 공사의
공사진척에 다른 안전관리비 사용기준

공사 공정률	50% 이상 70% 미만	70% 이상 90% 미만	90% 이상
안전비 사용기준	50% 이상	70% 이상	90% 이상

(4) 선박의 건조 또는 수리를 최초로 도급받은 수급인은 사업 계획을 수립할 때에는 산업안
전보건관리비를 사업비에 계상하여야 함

(5) 건설공사도급인, 선박의 건조 또는 수리를 최초로 도급받은 수급인은 산업안전보건
관리비를 산업재해 예방 외의 목적으로 사용 불가

8 건설공사의 산업재해 예방 지도 〈법 73조, 영 59조〉

(1) 아래 건설공사도급인은 해당 건설공사를 하는 동안에 지정받은 전문기관(건설재해예
방전문지도기관)에서 건설 산업재해예방 지도를 받으며 발주자가 지도기관을 선정

① 건설공사 금액 1억 원 이상 120억 원(토목공사 150억 원) 미만 공사

② 「건축법」에 따른 건축허가의 대상이 되는 공사를 하는 자

③ 건설공사 예방 지도 예외 공사

• 1개월 미만 공사

• 육지와 연결되지 않은 섬 지역 공사

• 안전관리자의 자격을 가진 사람을 선임하고 안전관리자의 업무만을 전담하도
록 하는 공사

• 유해위험방지계획서를 제출해야 하는 공사

(2) 건설재해예방전문지도기관의 지도업무의 내용, 지도대상 분야, 지도의 수행방법,
그 밖에 필요한 사항은 대통령령으로 정함

9 건설공사의 안전보건협의체 구성·운영 〈법 75조, 영 63조, 규칙 93조〉

(1) 건설공사 금액이 120억 원(토목공사 150억 원) 이상인 건설공사건설공사도급인은
현장에 근로자위원과 사용자위원을 같은 수로 하여 안전·보건에 관한 협의체(노사
협의체) 구성·운영

① 노사협의체 구성원

㉠ 근로자위원

• 도급 또는 하도급 사업을 포함한 전체 사업의 근로자대표

- 근로자대표가 지명하는 명예산업안전감독관 1명. 명예산업안전감독관이 없는 경우 근로자대표가 지명하는 근로자
- 공사금액이 20억원 이상인 공사의 관계수급인의 각 근로자대표 1명
ⓒ 사용자위원
- 도급 또는 하도급 사업을 포함한 전체 사업의 대표자
- 안전관리자 1명
- 보건관리자 1명(보건관리자 선임대상 건설업으로 한정)
- 공사금액이 20억 원 이상인 공사의 관계수급인의 각 대표자
※ 근로자위원과 사용자위원은 합의하여 노사협의체에 공사금액이 20억 원 미만인 공사의 관계수급인을 위원으로 위촉 가능
② 노사협의체의 근로자위원과 사용자위원은 합의하여 건설기계를 직접 운전하는 사람을 노사협의체에 참여하도록 할 수 있음
③ 노사협의체 운영
- 노사협의체의 회의는 정기회의와 임시회의로 구분 개최
- 정기회의는 2개월마다 노사협의체의 위원장이 소집하며, 임시회의는 위원장이 필요하다고 인정할 때에 소집
④ 노사협의체 위원장의 선출, 노사협의체의 회의, 노사협의체에서 의결되지 않은 사항에 대한 처리방법 및 회의 결과 등의 공지에 관하여는 "산업안전보건위원회"와 동일 "노사협의체"로 본다.
(2) 건설공사도급인이 (1)에 따라 노사협의체를 구성·운영하는 경우에는 산업안전보건위원회 구성·운영하는 것으로 봄
(3) 노사협의체를 구성·운영하는 건설공사도급인은 다음 사항에 대하여 노사협의체의 심의·의결을 거쳐야 함
① 안전보건관리책임자 업무 심의·의결
㉠ 사업장의 산업재해 예방계획의 수립에 관한 사항
㉡ 안전보건관리규정의 작성 및 변경에 관한 사항
㉢ 안전보건교육에 관한 사항
㉣ 작업환경측정 등 작업환경의 점검 및 개선에 관한 사항
㉤ 근로자의 건강진단 등 건강관리에 관한 사항
㉥ 산업재해의 원인 조사 및 재발 방지대책 수립에 관한 사항(X)
㉦ 산업재해에 관한 통계의 기록 및 유지에 관한 사항
㉧ 안전장치 및 보호구 구입 시 적격품 여부 확인에 관한 사항
② 중대재해에 관한 사항(㉥항 비교)

③ 유해하거나 위험한 기계 · 기구설비를 도입한 경우 안전 및 보건 관련 조치에 관한 사항

④ 근로자의 안전 및 보건을 유지 · 증진시키기 위하여 필요한 사항

⑤ 노사협의체는 회의를 개최하고 그 결과를 회의록 작성하여 보존

⑥ 산업재해 예방 및 산업재해가 발생한 경우 노사협의체의 협의 사항
- 산업재해 예방방법 및 산업재해가 발생한 경우의 대피방법
- 작업의 시작시간, 작업 및 작업장 간의 연락방법
- 그 밖의 산업재해 예방과 관련된 사항

⑦ 도급인 · 근로자 및 관계수급인 · 근로자는 노사협의체가 심의 · 의결 사항을 성실하게 이행

⑧ 노사협의체에 관하여는 이 법, 이 법에 따른 명령, 단체협약, 취업규칙 안전보건관리규정에 반하는 내용으로 심의 · 의결해서는 안 되며, 사업주는 노사협의체 위원에게 직무 수행과 관련한 사유로 불리한 처우를 해서는 안 됨. 이 경우 "산업안전보건위원회"는 "노사협의체"로 봄

⑩ 건설공사 기계 · 기구의 안전조치 〈법 76조, 영 66조, 규칙 94조〉

(1) 건설공사도급인은 자신의 사업장에서 타워크레인 등 대통령령으로 정하는 기계 · 기구 또는 설비 등이 설치되어 있거나 작동하고 있는 경우 또는 이를 설치 · 해체 · 조립하는 등의 작업이 이루어지고 있는 경우에는 필요한 안전조치 및 보건조치를 하여야 함

① 타워크레인 등 대통령령으로 정하는 기계 · 기구 또는 설비 등
- 타워크레인
- 건설용 리프트
- 항타기 및 항발기(박힌 말뚝을 빼내는 기계)

(2) 건설공사도급인은 상기 기계 · 기구 또는 설비가 설치되어 있거나 작동하고 있는 경우 또는 이를 설치 · 해체 · 조립하는 등의 작업을 하는 경우에는 다음 사항을 실시 · 확인 또는 조치해야 함

① 작업시작 전 기계 · 기구 등을 소유 또는 대여하는 자와 합동으로 안전점검 실시

② 작업을 수행하는 사업주의 작업계획서 작성 및 이행 여부 확인

③ 작업자가 자격 · 면허 · 경험 또는 기능을 가지고 있는지 여부 확인

④ 기계 · 기구 또는 설비 등에 대하여 안전보건규칙에서 정하고 있는 안전보건 조치

⑤ 기계 · 기구 등의 결함, 작업방법과 절차 미준수, 강풍 등 이상 환경으로 인하여 작업수행 시 현저한 위험이 예상되는 경우 작업중지 조치

[24] 유해 · 위험 기계등에 대한 방호조치

1 유해 · 위험한 기계 · 기구 방호조치 〈법 80조, 영 70조, 규칙 98조〉

(1) 누구든지 동력(動力)으로 작동하는 기계 · 기구는 위험 방지를 위한 방호조치를 하고,
양도, 대여, 설치, 사용에 제공 및 진열 가능

① 작동 부분에 돌기 부분이 있는 것

② 동력전달 부분 또는 속도조절 부분이 있는 것

③ 회전기계에 물체 등이 말려 들어갈 부분이 있는 것

※ 방호조치가 필요한 기계기구 〈영 별표 20〉

• 예초기 : 접촉 예방장치

• 원심기 : 회전체 접촉 예방장치

• 공기압축기 : 압력방출장치

• 금속절단기 : 날접촉 예방장치

• 지게차 : 헤드 가드, 백레스트, 전조등, 후미등, 안전벨트

• 포장기계 : 구동부 방호 연동장치

(2) 사업주 방호조치가 정상으로 발휘하도록 상시적으로 점검과 정비

(3) 사업주와 근로자는 방호조치 해체 시 안전조치 및 보건조치 시행

(4) 기계기구의 방호조치 요령

① 작동 부분의 돌기부분은 묻힘형 또는 덮개를 부착할 것

② 동력전달부분 및 속도조절부분에는 덮개 부착 또는 방호망을 설치할 것

③ 회전기계의 물림점에는 덮개 또는 울을 설치할 것

(5) 기계기구 방호조치 해체 시 안전 · 보건 조치사항

① 방호조치를 해체하려는 경우 사업주의 허가를 받아 해체할 것

② 방호조치 해체 사유가 소멸된 경우 : 방호조치를 지체 없이 원상 회복

③ 방호조치의 기능이 상실된 것을 발견한 경우 : 지체 없이 사업주에게 신고

(6) 사업주는 방호조치 상실 신고가 있으면 즉시 수리, 보수 및 작업중지 등 적절한 조치를
해야 함

2 기계기구 등의 대여자 등의 조치 〈법 81조, 영 71조, 규칙 100·101조〉

(1) 기계·기구·설비 또는 건축물 등을 타인에게 대여하거나 대여받는 자는 필요한 안전조치 및 보건조치를 하여야 함

대여자 등이 안전조치 등을 해야 하는 기계·기구·설비 및 건축물 등 〈영 71조, 별표 21〉

1. 사무실 및 공장용 건축물
2. 이동식 크레인
3. 타워크레인
4. 불도저
5. 모터 그레이더
6. 로더
7. 스크레이퍼
8. 스크레이퍼 도저
9. 파워 셔블
10. 드래그라인
11. 클램셸
12. 버킷굴착기
13. 트렌치
14. 항타기
15. 항발기
16. 어스드릴
17. 천공기
18. 어스오거
19. 페이퍼드레인머신
20. 리프트
21. 지게차
22. 롤러기
23. 콘크리트 펌프
24. 고소작업대
25. 산업재해보상보험 및 예방심의위원회 심의를 거쳐 고시하는 기계, 기구, 설비 및 건축물 등

(2) 대여하는 자가 해야 할 유해·위험 방지조치
 ① 기계 등을 미리 점검하고 이상 시 즉시 보수 또는 필요한 정비를 할 것
 ② 기계 등을 대여받은 자에게 다음 사항을 서면으로 발급
  • 해당 기계등의 성능 및 방호조치의 내용
  • 해당 기계등의 특성 및 사용 시의 주의사항
  • 해당 기계등의 수리·보수 및 점검 내역과 주요 부품의 제조일
  • 기계의 정밀진단 및 안전점검 내역, 주요 안전부품의 교환이력 및 제조일

(3) 대여받는 자는 그가 사용하는 근로자가 아닌 사람에게 해당 기계등을 조작하도록 하는 경우에는 다음 조치를 해야 함. 다만, 해당 기계등을 구입할 목적으로 기종(變種)의 선정 등을 위하여 일시적으로 대여받는 경우에는 그렇지 않음
 ① 기계등을 조작하는 사람이 관계 법령에서 정하는 자격이나 기능을 가진 사람인지 확인할 것
 ② 기계등을 조작하는 사람에게 다음 사항을 주지시킬 것
  • 작업의 내용
  • 지휘계통

- 연락 · 신호 등의 방법
- 운행경로, 제한속도, 그 밖에 해당 기계등의 운행에 관한 사항
- 기계등의 조작에 따른 산업재해를 방지하기 위하여 필요한 사항

[25] 안전인증(기계기구, 설비, 방호장치, 보호구)

〈법 83 · 84조, 영 74조, 규칙 108조〉

■ 안전인증 기준 및 면제 조건

(1) 유해 위험한 기계 · 기구설비 및 방호장치 보호구의 안전성을 평가하기 위하여 그 안전에 관한 성능과 제조자의 기술 능력 및 생산체계 등에 관한 기준(안전인증기준)을 정하여 고시

(2) 안전인증기준은 유해 · 위험기계등의 종류별, 규격 및 형식별로 정함

안전인증의 기계기구, 방호장치, 보호구의 종류

기계, 설비	방호장치	보호구
가. 프레스 나. 전단기, 절곡기 다. 크레인 라. 리프트 마. 압력용기 바. 롤러기 사. 사출성형기 아. 고소 작업대 자. 곤돌라	가. 프레스 및 전단기 방호장치 나. 양중기용 과부하 방지장치 다. 보일러 압력방출용 안전밸브 라. 압력용기 압력방출용 안전밸브 마. 압력용기 압력방출용 파열판 바. 절연용 방호구 및 활선작업용 기구 사. 방폭구조전기기계 · 기구 및 부품 아. 추락 · 낙하 및 붕괴 등의 위험 방지 및 보호에 필요한 가설기자재 자. 충돌 · 협착 등의 위험 방지에 필요한 산업용 로봇 방호장치	가. 추락 및 감전 위험방지용 안전모 나. 안전화 다. 안전장갑 라. 방진마스크 마. 방독마스크 바. 송기(送氣)마스크 사. 전동식 호흡보호구 아. 보호복 자. 안전대 차. 차광 및 비산물 위험방지용 보안경 카. 용접용 보안면 타. 방음용 귀마개 또는 귀덮개

(3) 유해 · 위험기계등 위해(危害)를 미칠 수 있다고 인정되는 안전인증대상기계등을 제조하거나 수입하는 자(설치, 이전, 구조변경)는 안전인증을 받아야 함

(4) 안전인증 면제 조건

① 안전인증의 전부 또는 일부 면제 조건

• 연구 · 개발을 목적으로 제조 · 수입, 수출을 목적으로 제조하는 경우

• 외국의 안전인증기관에서 인증을 받은 경우

• 다른 법령에 따라 안전성에 관한 검사나 인증을 받은 경우

② 전부 면제 조건
- 「건설기계관리법」 검사를 받은 경우 또는 형식신고를 한 경우
- 「고압가스 안전관리법」 검사를 받은 경우
- 「광산안전법」 설치 또는 변경공사가 완료되었을 때에 받는 검사를 받은 경우
- 「방위사업법」 품질보증을 받은 경우
- 「선박안전법」 검사를 받은 경우
- 「에너지이용 합리화법」 검사를 받은 경우
- 「원자력안전법」 검사를 받은 경우
- 「위험물안전관리법」 검사를 받은 경우
- 「전기사업법」 검사를 받은 경우
- 「항만법」 검사를 받은 경우
- 「화재예방, 소방시설 설치·유지 및 안전관리에 관한 법률」 형식승인을 받은 경우

(5) 안전인증대상기계등이 아닌 유해·위험기계등을 제조하거나 수입하는 자가 그 유해·위험기계등의 안전에 관한 성능 등을 평가받으려면 고용노동부장관에게 안전인증을 신청할 수 있음

(6) 안전인증을 받은 자가 안전인증기준을 지키고 있는지를 3년 이하의 범위에서 주기마다 확인하여야 함. 안전인증의 일부를 면제받은 경우에는 확인의 전부 또는 일부를 생략할 수 있음

(7) 안전인증을 받은 자는 안전인증대상기계 등에 제품명·모델명·제조 수량·판매수량 및 판매처 현황 등의 사항을 기록하여 보존

(8) 안전인증대상기계등을 제조·수입 또는 판매하는 자에게 안전인증대상기계제조·수입 또는 판매에 관한 자료를 공단에 제출

(9) 안전인증의 신청 방법·절차. 확인의 방법, 절차 등을 고용노동부령으로 정함

(10) 안전인증대상기계등이 인증 또는 시험을 받았거나 그 일부 항목이 안전인증기준과 같은 수준 이상인 것으로 인정되는 경우 안전인증의 일부를 면제
① 장관이 고시하는 외국의 안전인증기관에서 인증을 받은 경우
② 국제전기기술위원회(IEC)의 국제방폭전기기계·기구 상호인정제도에 따라 인증을 받은 경우
③ 「국가표준기본법」의 시험·검사기관에서 실시하는 시험을 받은 경우
④ 「산업표준화법」 인증을 받은 경우
⑤ 「전기용품 및 생활용품 안전관리법」 안전인증을 받은 경우

2 안전인증 심사의 종류 및 방법

(1) 안전인증기관의 심사방법

① 예비심사 기계 및 방호장치·보호구가 유해·위험기계등인지를 확인하는 심사

② 서면심사 : 유해·위험기계등의 종류별 또는 형식별로 설계도면 등 유해·위험 기계등의 제품기술과 관련된 문서가 안전인증기준에 적합한지에 대한 심사

③ 기술능력 및 생산체계 심사 : 유해·위험기계등의 안전성능을 지속적으로 유지·보증하기 위하여 사업장에서 갖추어야 할 기술능력과 생산체계가 안전인증 기준에 적합한지에 대한 심사

④ 제품심사 : 유해·위험기계등이 서면심사 내용과 일치하는지와 유해·위험기계 등의 안전에 관한 성능이 안전인증기준에 적합한지에 대한 심사

(2) 심사종류별 심사기간

① 안전인증기관은 안전인증 신청서를 제출받으면 기간 내에 심사. 다만, 부득이한 사유 시 15일의 범위에서 심사기간 연장

㉠ 예비심사 : 7일

㉡ 서면심사 : 15일(외국에서 제조한 경우는 30일)

㉢ 기술능력 및 생산체계 심사 : 30일(외국에서 제조 시 45일)

㉣ 제품심사

• 개별 제품심사 : 15일

• 형식별 제품심사 : 30일

(3) 안전인증심의위원회의 구성·기능 및 운영 등에 필요한 사항은 고용노동부장관이 정하여 고시

3 확인의 방법 및 주기

(1) 안전인증기관이 안전인증을 받은 자에 대한 확인 사항

① 안전인증서의 사업장에서 해당 유해위험기계등의 생산 여부

② 안전인증을 받은 유해·위험기계등이 안전인증기준에 적합한지 여부

③ 제조자가 안전인증을 받을 당시의 기술능력·생산체계를 지속적 유지 여부

④ 유해·위험기계등이 서면심사 내용과 같은 수준 이상의 재료 및 부품 사용 여부

(2) 안전인증기관은 안전인증을 받은 자의 기준 준수 확인을 2년에 1회 이상 확인. 다만, 다음의 경우에는 3년에 1회 이상 확인

① 최근 3년 동안 안전인증이 취소, 사용금지 또는 시정명령을 받은 사실이 없는 경우

② 최근 2회의 확인 결과 기술능력 및 생산체계가 기준 이상인 경우

⑶ 안전인증기관은 안전인증확인 통지서를 제조자에게 발급해야 함

⑷ 안전인증기관은 안전인증 확인 결과 그 사실을 증명할 수 있는 서류를 첨부하여 유해위험기계등을 제조하는 사업장의 소재지를 관할하는 지방고용노동관서의 장에게 지체없이 알려야 함

⑸ 안전인증기관은 일부 항목에 한정하여 안전인증을 면제한 경우에는 외국의 해당 안전인증기관에서 실시한 인전인증 확인의 결과를 제출받아 확인의 전부 또는 일부를 생략할 수 있음

⑹ 안전인증을 받은 자는 안전인증을 받은 유해위험기계등이나 이를 담은 용기 또는 포장에 "안전인증표시"를 하여야 함

[26] 자율안전확인대상기계

〈법 89조, 영 77조, 규칙 119조〉

1 자율안전확인 신고

(1) 안전인증대상기계등이 아닌 유해위험기계로서 자율안전확인대상기계등을 제조, 수입자는 자율안전확인대상기계등의 안전에 관한 성능이 자율안전기준에 맞는지 확인하여 고용노동부장관에게 신고. 다만, 다음에 해당하는 경우에는 신고 면제
　① 연구ㆍ개발을 목적으로 제조ㆍ수입, 수출을 목적으로 제조하는 경우
　② 안전인증을 받은 경우
　③ 다른 법령에 따라 안전성에 관한 검사나 인증을 받은 경우
　　•「농업기계화촉진법」에 따른 검정을 받은 경우
　　•「산업표준화법」에 따른 인증을 받은 경우
　　•「전기용품 및 생활용품 안전관리법」안전인증 및 안전검사를 받은 경우
　　•국제전기기술위원회(IEC)의 국제방폭전기기계ㆍ기구 상호인정제도에 따라 인증을 받은 경우

(2) 신고를 한 자는 자율안전확인대상기계등이 자율안전기준에 맞는 것임을 증명하는 서류를 보존하여야 함

(3) 자율안전확인대상기계등

기계, 설비	방호장치	보호구
가. 연삭기 또는 연마기 나. 산업용 로봇 다. 혼합기 라. 파쇄기ㆍ분쇄기 마. 식품가공용 기계 바. 컨베이어 사. 자동차정비용 리프트 아. 공작기계(선반, 드릴기, 평삭ㆍ형삭기, 밀링만 해당) 자. 고정형 목재가공용 기계(둥근톱, 대패, 루타기, 띠톱, 모떼기 기계만 해당) 차. 인쇄기	가. 아세틸렌 용접장치용 또는 가스집합 용접장치용 안전기 나. 교류 아크용접기용 자동 전격방지기 다. 롤러기 급정지장치 라. 연삭기 덮개 마. 목재 가공용 둥근톱 반발 예방장치와 날 접촉 예방장치 바. 동력식 수동대패용 칼날 접촉 방지장치 사. 추락ㆍ낙하 및 붕괴 등의 위험 방지와 보호에 필요한 가설기자재	가. 안전모(추락ㆍ방전용 안전모 제외) 나. 보안경(차광, 비산물위험 방지용 보안경 제외) 다. 보안면(용접용 보안면 제외)

❷ 자율안전확인대상기계등 신고방법 · 자율안전확인 표시

(1) 신고해야 하는 자는 자율안전확인대상기계등을 출고, 수입하기 전에 자율안전확인
    신고서에 다음 서류를 첨부하여 공단에 제출해야 함
    ① 제품의 설명서
    ② 자율안전확인대상기계등의 자율안전기준을 충족함을 증명하는 서류
(2) 자율안전확인의 표시는 안전인증대상기계기구와 동일하며, 자율안전대상기계기구
    및 그를 담은 용기 또는 포장지에 자율안전인증표시를 해야 함

[27] 유해 · 위험 기계 · 기구의 안전검사

〈법 93조, 영 78조, 규칙 124조〉

(1) 유해하거나 위험한 기계 · 기구, 설비(안전검사대상기계등)를 사용하는 사업주는
안전에 관한 성능이 검사기준에 맞는지 장관이 실시하는 안전검사를 받아야 함(사업
주 · 소유자가 다른 때는 안전검사대상기계등의 소유자가 안전검사)

안전검사대상기계등

1. 프레스	10. 사출성형기[형 체결력(型 締結力) 294
2. 전단기	킬로뉴턴(kN) 미만은 제외]
3. 크레인(정격 하중이 2톤 미만인 것은 제외)	11. 고소작업대
4. 리프트	(「자동차관리법」 제3조 제3호 또는 제
5. 압력용기	4호에 따른 화물자동차 또는 특수자동
6. 곤돌라	차에 탑재한 고소작업대로 한정)
7. 국소 배기장치(이동식은 제외)	12. 컨베이어
8. 원심기(산업용만 해당)	13. 산업용 로봇
9. 롤러기(밀폐형 구조는 제외)	

(2) 다른 법령에 따라 안전성에 관한 검사나 인증을 받은 경우에는 안전검사 면제
　① 「건설기계관리법」 검사를 받은 경우
　② 「고압가스 안전관리법」 검사를 받은 경우
　③ 「광산안전법」 광업시설의 설치 · 변경공사 완료 후 일정한 기간이 지날 때마다
　　받는 검사를 받은 경우
　④ 「선박안전법」 검사를 받은 경우
　⑤ 「에너지이용 합리화법」 검사를 받은 경우
　⑥ 「원자력안전법」 검사를 받은 경우
　⑦ 「위험물안전관리법」 정기점검 또는 정기검사를 받은 경우
　⑧ 「전기사업법」 검사를 받은 경우
　⑨ 「항만법」 검사를 받은 경우
　⑩ 「화재예방, 소방시설 설치 · 유지 및 안전관리에 관한 법률」 자체점검 등을 받은
　　경우
　⑪ 「화학물질관리법」 정기검사를 받은 경우

(3) 안전검사의 신청, 검사 주기 및 검사합격 표시방법, 그 밖에 필요한 사항은 고용노동부령으로 정함

   ※ 안전검사대상기계등의 안전검사 주기
   ① 크레인, 리프트 및 곤돌라 : 사업장에 설치가 끝난 날부터 3년 이내에 최초 안전검사를 실시하되, 그 이후부터 2년마다(건설현장에서 사용하는 것은 최초로 설치한 날부터 6개월마다)
   ② 이동식 크레인, 이삿짐운반용 리프트 및 고소작업대 : 「자동차관리법」에 따른 신규등록 이후 3년 이내에 최초 안전검사를 실시, 그 이후 2년마다
   ③ 프레스, 전단기, 압력용기, 국소 배기장치, 원심기, 롤러기, 사출성형기, 컨베이어 및 산업용 로봇 : 사업장에 설치가 끝난 날부터 3년 이내에 최초 안전검사를 실시하되, 그 이후부터 2년마다
   ④ 공정안전보고서를 제출하여 확인을 받은 압력용기 : 4년마다

(4) 안전검사의 합격표시 및 표시방법

안전검사합격증명서	
① 안전검사대상기계명	
② 신청인	
③ 형식번(기)호(설치장소)	
④ 합격번호	
⑤ 검사유효기간	
⑥ 검사기관(실시기관)	○○○○○○ (직인) 검사원 : ○○○
고 용 노 동 부 장 관	직인 생략

(5) 안전검사 신청서를 검사 주기 만료일 30일 전에 안전검사기관에 제출
(6) 안전검사기관은 검사 주기 만료일 전후 각각 30일 이내에 해당 기계 · 기구 및 설비별로 안전검사 시행
(7) 안전검사기관은 안전검사대상기계등을 발견하였을 때에는 이를 고용노동부장관에게 지체 없이 보고

[28] 자율검사프로그램에 따른 안전검사법

〈법 98조, 영 77조, 규칙 130조〉

(1) 사업주가 근로자대표와 협의하여 검사기준, 검사주기 등을 충족하는 자율검사프로그램을 정하고 고용노동부장관의 인정을 받아 다음의 해당하는 사람으로부터 자율검사프로그램에 따라 안전에 관한 성능검사(자율안전검사)를 받으면 안전검사를 받은 것으로 봄

　① 고용노동부령으로 정하는 안전에 관한 성능검사와 관련된 자격 및 경험을 가진 사람

　② 고용노동부령으로 정하는 바에 따라 안전에 관한 성능검사 교육을 이수하고 해당 분야의 실무 경험이 있는 사람

(2) 자율검사프로그램의 유효기간은 2년으로 함

(3) 사업주는 자율안전검사를 받은 경우에는 그 결과를 기록하여 보존

(4) 자율안전검사를 받으려는 사업주는 지정받은 자율안전검사기관에 자율안전검사를 위탁할 수 있음

(5) 자율검사프로그램에 포함되어야 할 내용, 자율검사프로그램의 인정 요건, 인정 방법 및 절차, 그 밖에 필요한 사항은 장관이 정함

[29] 물질안전보건자료 작성 · 제출

〈법 110조, 영 86조, 규칙 156조〉

◼ 물질안전보건자료의 작성 및 제출

(1) 화학물질 또는 이를 함유한 혼합물로서 유해인자 분류기준에 해당하는 물질안전보건
자료대상물질로서

(2) 제조하거나 수입하려는 자는 다음 사항을 적은 자료(물질안전보건자료)를 작성하여
제조 또는 수입하기 전에 공단(고용노동부장관)에 제출(기재 사항이나 작성방법을
정할 때 환경부장관과 협의)

① 제품명

② 물질안전보건자료대상물질을 구성하는 화학물질의 명칭 및 함유량

③ 안전 및 보건상의 취급 주의 사항

④ 건강 및 환경에 대한 유해성, 물리적 위험성

⑤ 물리 · 화학적 특성 등 고용노동부령으로 정하는 사항

　㉠ MSDS의 기재는 신뢰성 확보를 위하여 인용된 자료의 출처 기재

　㉡ 물리 · 화학적 특성 기재 사항

　　• 물리 · 화학적 특성

　　• 독성에 관한 정보

　　• 폭발 · 화재 시의 대처방법

　　• 응급조치 요령

　　• 그 밖에 고용노동부장관이 정하는 사항

(3) 물질안전보건자료대상물질을 제조하거나 수입하려는 자는 화학물질 중 분류기준에
해당하지 아니하는 화학물질의 명칭 및 함유량을 고용노동부장관에게 별도로 제출하
여야 함. 다만, 다음에 해당하는 경우는 그러하지 아니함

① 제출된 물질안전보건자료에 이 항 각 호 외의 부분 본문에 따른 화학물질의 명칭
및 함유량이 전부 포함된 경우

② 물질안전보건자료대상물질을 수입하려는 자가 물질안전보건자료대상물질을 국
외에서 제조하여 우리나라로 수출하려는 자로부터 분류기준에 해당하는 화학물
질이 없음을 확인하는 내용의 서류를 받아 제출한 경우

(4) 물질안전보건자료대상물질을 제조하거나 수입한 자는 변경 사항을 반영한 물질안전
보건자료를 고용노동부장관에게 제출하여야 한다.

(5) 물질안전보건자료의 작성·제출 제외 대상 화학물질

① 「건강기능식품에 관한 법률」 제3조 제1호에 따른 건강기능식품

② 「농약관리법」 제2조 제1호에 따른 농약

③ 「마약류 관리에 관한 법률」 마약 및 향정신성의약품

④ 「비료관리법」 제2조 제1호에 따른 비료

⑤ 「사료관리법」 제2조 제1호에 따른 사료

⑥ 「생활주변방사선 안전관리법」 제2조 제2호에 따른 원료물질

⑦ 「생활화학제품 및 살생물제의 안전관리에 관한 법률」 안전확인대상생활화학제
품 및 살생물제품 중 일반소비자의 생활용으로 제공되는 제품

⑧ 「식품위생법」 제2조 제1호 및 제2호에 따른 식품 및 식품첨가물

⑨ 「약사법」 제2조 제4호 및 제7호에 따른 의약품 및 의약외품

⑩ 「원자력안전법」 제2조 제5호에 따른 방사성물질

⑪ 「위생용품 관리법」 제2조 제1호에 따른 위생용품

⑫ 「의료기기법」 제2조 제1항에 따른 의료기기

⑬ 「총포·도검·화약류 등의 안전관리에 관한 법률」 화약류

⑭ 「폐기물관리법」 제2조 제1호에 따른 폐기물

⑮ 「화장품법」 제2조 제1호에 따른 화장품

⑯ 화학물질 또는 혼합물로서 일반소비자의 생활용으로 제공되는 것

❷ 물질안전보건자료의 제공

물질안전보건자료대상물질을 양도하거나 제공하는 자는 이를 양도, 제공, 변경내용
받는 자에게 물질안전보건자료를 제공하여야 한다.

❸ 물질안전보건자료의 일부 비공개 승인

(1) 물질안전보건자료에 화학물질의 명칭 및 함유량을 대체할 수 있는 명칭 및 함유량으로
적기 위하여 승인을 신청하려는 자는 물질안전보건자료대상물질을 제조하거나 수입
하기 전에 물질안전보건자료시스템을 통하여 물질안전보건자료 비공개 승인신청서
에 다음 각 호의 정보를 기재하거나 첨부하여 공단에 제출해야 한다.

① 대체자료로 적으려는 화학물질의 명칭 및 함유량이 영업비밀에 해당함을 입증하
는 자료로서 고용노동부장관이 정하여 고시하는 자료

② 대체자료

③ 대체자료로 적으려는 화학물질의 명칭 및 함유량, 건강 및 환경에 대한 유해성, 물리적 위험성 정보

④ 물질안전보건자료

⑤ 분류기준에 해당하지 않는 화학물질의 명칭 및 함유량

⑥ 화학물질의 명칭 및 함유량을 대체자료로 적도록 승인하기 위해 필요한 정보로서 고용노동부장관이 정하여 고시하는 서류

(2) 연장승인 신청을 하려는 자는 유효기간이 만료되기 30일 전까지 물질안전보건자료시스템을 통하여 (1)의 서류를 첨부하여 공단에 제출해야 함

　※ 유효기간 만료 시 계속하여 대체자료로 그 유효기간의 연장승인을 신청하면 유효기간이 만료되는 다음 날부터 5년 단위로 그 기간을 계속하여 연장승인할 수 있음

(3) 공단은 승인 신청 또는 연장승인 신청을 받은 날부터 1개월 이내에 승인 여부를 결정하여 그 결과를 신청인에게 통보해야 함

(4) 영업비밀로 화학물질의 명칭 및 함유량을 물질안전보건자료에 적지 아니하려는 자는 장관에게 신청하여 승인을 받아 해당 화학물질의 명칭 및 함유량을 대체할 수 있는 명칭 및 함유량으로 적을 수 음. 다만, 근로자에게 중대한 건강장해를 초래할 우려가 있는 화학물질로서 「산업재해보상보험법」에 따른 산업재해보상보험 및 예방심의위원회의 심의를 거쳐 고용노동부장관이 고시하는 것은 그러하지 아니함

❹ 물질안전보건자료의 게시 및 교육

(1) 물질안전보건자료대상물질을 취급하는 사업주는 다음의 장소 또는 전산장비에 항상 물질안전보건자료를 게시하거나 갖추어 두어야 함

　① 물질안전보건자료대상물질을 취급하는 작업공정이 있는 장소

　② 작업장 내 근로자가 가장 보기 쉬운 장소

　③ 근로자가 작업 중 쉽게 접근할 수 있는 장소에 설치된 전산장비

(2) 건설공사, 임시 작업 또는 단시간 작업은 물질안전보건자료대상물질의 관리 요령으로 대신 게시하거나 갖추어 둘 수 있음

(3) 물질안전보건자료대상물질 단위로 경고표지를 작성, 물질안전보건자료대상물질을 담은 용기 및 포장에 붙이거나 인쇄하는 등 유해·위험정보가 명확히 표현되도록 함

　※ 경고표지에 다음 내용을 모두 포함

　　• 명칭 : 제품명

　　• 그림문자 : 화학물질 유해·위험의 내용을 나타내는 그림

- 신호어 : 유해 · 위험의 심각성을 표시하는 "위험" 또는 "경고" 문구
- 유해 · 위험 문구 : 화학물질의 유해 · 위험을 알리는 문구
- 예방조치 문구 : 화학물질에 노출되거나 부적절한 저장 · 취급으로 유해 · 위험을 방지하기 위하여 알리는 주요 유의사항
- 공급자 정보 : MSDS의 제조자, 공급자의 이름 및 전화번호 등

(4) 물질안전보건자료대상물질을 취급하는 작업공정별로 대상물질의 관리요령을 게시하여야 함

① 물질안전보건자료대상물질의 작업공정별 관리 요령에 포함 사항
- 제품명
- 건강 및 환경에 대한 유해성, 물리적 위험성
- 안전 및 보건상의 취급주의 사항
- 적절한 보호구
- 응급조치 요령 및 사고 시 대처방법

② 물질안전보건자료에 적힌 내용을 참고하여 작성

③ 작업공정별 관리 요령은 유해성 · 위험성이 유사한 물질안전보건자료 대상물질의 그룹별로 작성하여 게시 가능

(5) 사업주는 물질안전보건자료대상물질을 취급하는 근로자의 안전 및 보건을 위하여 해당 근로자를 교육을 받도록 조치

① 물질안전보건자료대상물질을 제조 · 사용 · 운반 또는 저장하는 작업에 근로자를 배치하게 된 경우

② 새로운 물질안전보건자료대상물질이 도입된 경우

③ 유해성 · 위험성 정보가 변경된 경우

(6) 유해성 · 위험성이 유사한 물질안전보건자료대상물질을 그룹별로 분류하여 교육 가능

(7) 사업주는 교육 실시 시 교육시간 및 내용 등을 기록하여 보존

※ 물질안전보건자료의 교육 내용 〈규칙 별표 5〉
- 대상화학물질의 명칭(또는 제품명)
- 물리적 위험성 및 건강 유해성
- 취급상의 주의사항
- 적절한 보호구
- 응급조치 요령 및 사고 시 대처방법
- 물질안전보건자료 및 경고표지를 이해하는 방법

[30] 석면에 대한 조치

〈법 119조, 영 89조, 규칙 175조〉

1 석면조사

(1) 건축물이나 설비를 철거하거나 해체하려는 경우에 소유주 또는 임차인 등은 일반석면 조사를 한 후 그 결과를 기록하여 보존하여야 함

① 해당 건축물이나 설비에 석면이 함유되어 있는지 여부

② 해당 건축물이나 설비 중 석면이 함유된 자재의 종류, 위치 및 면적

(2) 건축물이나 설비 중 건축물·설비소유주등은 석면조사기관에 기관석면조사를 하도 록 한 후 그 결과를 기록하여 보존하여야 한다.

① 건축물의 연면적 합계가 50제곱미터 이상이면서, 그 건축물의 철거, 해체하려는 부분의 면적 합계가 50제곱미터 이상인 경우

② 주택의 연면적 합계가 200제곱미터 이상이면서, 그 주택의 철거·해체하려는 부분의 면적 합계가 200제곱미터 이상인 경우

③ 설비의 철거·해체하려는 부분에 다음에 해당하는 자재를 사용한 면적의 합이 15제곱미터 이상 또는 그 부피의 합이 1세제곱미터 이상인 경우

→ 단열재, 보온재, 분무재, 내화피복재, 개스킷, 패킹재, 실링재

④ 파이프 길이의 합이 80미터 이상이면서, 그 파이프의 철거·해체하려는 부분의 보온재로 사용된 길이의 합이 80미터 이상인 경우

2 기관석면조사방법

(1) 기관석면조사방법

① 건축도면, 설비제작도면 또는 사용자재의 이력 등을 통하여 석면 함유 여부에 대한 예비조사를 할 것

② 건축물이나 설비의 해체·제거할 자재 등에 대하여 성질과 상태가 다른 부분들을 각각 구분할 것

③ 시료채취는 2항에 따라 구분된 부분들 각각에 대하여 그 크기를 고려하여 채취 수를 달리하여 조사를 할 것

(2) 구분된 부분들 각각에서 크기를 고려하여 1개만 고형시료를 채취·분석하는 경우에는 그 1개의 결과를 기준으로 해당 부분의 석면 함유 여부를 판정해야 하며, 2개 이상의 고형시료를 채취·분석하는 경우에는 석면 함유율이 가장 높은 결과를 기준으로 해당 부분의 석면 함유 여부 판정

❸ 석면해체·제거작업

(1) **석면해체·제거작업의 안전성의 평가기준**
① 석면해체·제거작업 기준의 준수 여부
② 장비의 성능
③ 보유인력의 교육이수, 능력개발, 전산화 정도 및 그 밖에 필요한 사항

(2) **석면해체·제거작업 신고**
석면해체·제거업자는 석면해체·제거작업 시작 7일 전까지 석면해체·제거작업 신고서에 다음 서류를 첨부하여 해당 석면해체·제거작업 장소의 소재지를 관할하는 지방고용노동관서의 장에게 제출해야 함
① 공사계약서 사본
② 석면 해체·제거 작업계획서(석면 흩날림 방지 및 폐기물 처리방법 포함)
③ 석면조사결과서

(3) **석면해체·제거작업 시 주의사항**
① 석면을 사용하는 작업장소의 바닥재료는 불침투성 재료를 사용하고 청소하기 쉬운 구조로 함
② 근로자가 석면을 뿜어서 칠하는 작업을 할 경우 사업주는 석면이 흩날리지 않도록 습기를 유지하거나 국소배기장치 설치 등 필요한 대책 강구
③ 석면 취급작업을 마친 근로자의 오염된 작업복은 석면 전용 탈의실에서만 탈의
④ 탈의실, 샤워실 및 작업복 갱의실 등의 위생설비를 설치하고 용품 비치
⑤ 석면을 사용하는 장소는 다른 작업장소와 격리
⑥ 개인보호구 착용(특등급 방진마스크, 송기마스크)
⑦ 뚜껑이 있는 용기 사용
⑧ 습식으로 청소, 고성능필터가 장착된 진공청소기 사용

(4) **석면해체·제거작업 완료 후의 석면농도기준**
1세제곱센티미터당 0.01개

4 석면농도 측정방법

(1) 석면해체·제거작업장 내의 작업이 완료된 상태를 확인한 후 공기가 건조한 상태에서 측정

(2) 작업장 내에 침전된 분진을 흩날린 후 측정

(3) 시료채취기를 작업이 이루어진 장소에 고정하여 공기 중 입자상 물질을 채취하는 지역시료채취방법으로 측정

[31] 근로자 건강진단

〈법 129조, 규칙 195조〉

1 일반건강진단

(1) 사업주는 특수건강진단기관 또는 건강검진기관에서 일반건강진단을 실시하여야 함
  ※ 고용노동부령으로 정하는 건강진단
    1. 「국민건강보험법」에 따른 건강검진
    2. 「선원법」에 따른 건강진단
    3. 「진폐의 예방과 진폐근로자의 보호 등에 관한 법률」에 따른 정기 건강진단
    4. 「학교보건법」에 따른 건강검사
    5. 「항공안전법」에 따른 신체검사
    6. 일반건강진단의 검사항목을 모두 포함하여 실시한 건강진단

(2) 사업주는 근로자의 건강진단을 위하여 다음의 정보를 요청하는 경우 해당 정보를
  제공하는 등 근로자의 건강진단이 원활히 실시될 수 있도록 적극 협조해야 함
    ① 근로자의 작업장소, 근로시간, 작업내용, 작업방식 등 근무환경에 관한 정보
    ② 건강진단 결과, 작업환경측정 결과, 화학물질 사용 실태, 물질안전보건자료 등
      건강진단에 필요한 정보

(3) 근로자는 사업주가 실시하는 건강진단 및 의학적 조치에 적극 협조

(4) 건강진단기관은 사업주가 건강진단을 실시하기 위하여 출장검진을 요청하는 경우에
  는 출장검진을 할 수 있음

(5) 사업주는 안전보건관리규정 또는 취업규칙에 규정하는 등 일반건강진단을 정기적으
  로 실시
    ① 사무직(공장 또는 공사현장과 같은 구역에 있지 않은 사무실에서 서무 · 인사 · 경
      리 · 판매, 설계 등의 사무업무에 종사하는 근로자) : 2년에 1회 이상
    ② 그 외 근로자 : 1년에 1회 이상(판매업무 근로자 포함)

(6) 관할노동관서의 장은 근로자의 건강 유지가 필요하다고 인정되는 사업장의 경우
  해당 사업주에게 일반건강진단 결과표를 제출 요청

2 특수건강진단

(1) 사업주는 다음 근로자의 특수건강진단을 실시하여야 함. 다만, 건강진단을 받은 근로
  자에 대하여 해당 유해인자에 대한 특수건강진단을 실시한 것으로 봄

① 고용노동부령으로 정하는 유해인자에 노출되는 업무(특수건강진단대상업무)에 종사하는 근로자
  ㉠ 화학적 인자
    • 유기화합물(109종)
    • 금속류(20종)
    • 산 및 알칼리류(8종)
    • 가스 상태 물질류(14종)
    • 허가 대상 유해물질(12종)
  ㉡ 분진(7종)
  ㉢ 물리적 인자(8종)
  ㉣ 야간작업
    • 6개월간 밤 12시~오전 5시를 포함하여 계속되는 8시간 작업을 월 평균 4회 이상 수행
    • 6개월간 오후 10시~다음날 오전 6시 사이의 시간 중 작업을 월 평균 60시간 이상 수행
② 건강진단 실시 결과 직업병 소견이 있는 근로자로 판정받아 작업 전환을 하거나 작업 장소를 변경하여 해당 판정의 원인이 된 특수건강진단대상업무에 종사하지 아니하는 사람으로서 해당 유해인자에 대한 건강진단이 필요하다는 의사의 소견이 있는 근로자

(2) 사업주는 특수건강진단대상업무에 종사할 근로자의 배치 예정 업무에 대한 적합성 평가를 위하여 건강진단(배치전건강진단)을 실시하여야 함

(3) 사업주는 특수건강진단대상업무에 따른 유해인자로 인한 것이라고 의심되는 건강장해 증상을 보이거나 의학적 소견이 있는 근로자 중 보건관리자 등이 사업주에게 건강진단 실시를 건의하는 등 고용노동부령으로 정하는 근로자에 대하여 수시건강진단을 실시하여야 함

(4) 건강진단 시기 주기의 단축
다음에 한정하여 특수건강진단 주기를 1/2로 단축
  ① 작업환경 측정 결과 노출기준 이상인 작업공정에서 유해인자에 노출되는 모든 근로자
  ② 특수 · 수시 · 임시건강진단을 실시한 결과 직업병 유소견자가 발견된 작업공정에서 해당 유해인자에 노출되는 모든 근로자
  ③ 특수 · 임시건강진단 실시 결과 해당 유해인자에 대하여 특수건강진단 실시 주기를 단축하여야 한다는 의사의 판정을 받은 근로자

❸ 건강진단 결과의 보고

(1) 건강진단기관은 건강진단 실시 결과를 고용노동부장관이 정하는 건강진단개인표에 기록하고, 건강진단을 실시한 날부터 30일 이내에 근로자에게 송부해야 함

(2) 건강진단기관은 건강진단 결과 질병 유소견자가 발견된 경우에는 건강진단을 실시한 날부터 30일 이내에 해당 근로자에게 의학적 소견 및 사후관리에 필요한 사항과 업무수행의 적합성 여부(특수건강진단기관인 경우만 해당한다)를 설명해야 함. 다만, 해당 근로자가 소속한 사업장의 의사인 보건관리자에게 이를 설명한 경우에는 그렇지 않음

(3) 건강진단기관은 건강진단을 실시한 날부터 30일 이내에 건강진단 결과표를 사업주에게 송부해야 함

❹ 건강관리카드

(1) 고용노동부장관은 건강장해가 발생할 우려가 있는 업무에 종사하였거나 종사하고 있는 사람 중 고용노동부령으로 정하는 요건을 갖춘 사람의 직업병 조기발견 및 지속적인 건강관리를 위하여 건강관리카드를 발급하여야 함

(2) 건강관리카드를 발급받은 사람이 요양급여를 신청하는 경우에는 건강관리카드를 제출함으로써 해당 재해에 관한 의학적 소견을 적은 서류의 제출을 대신할 수 있음

(3) 건강관리카드를 발급받은 업무에 종사하지 아니하는 사람은 고용노동부령으로 정하는 바에 따라 특수건강진단에 준하는 건강진단을 받을 수 있음

(4) 건강관리카드를 발급받은 근로자가 카드의 발급 대상 업무에 더 이상 종사하지 않는 경우에는 공단 또는 특수건강진단기관에서 실시하는 건강진단을 매년(카드 발급 대상 업무에서 종사하지 않게 된 첫 해는 제외한다) 1회 받을 수 있음

(5) 건강관리카드 발급 대상

업무	종사기간
베타 – 나프틸아민	3개월
벤지딘	
석면/석면방직제품 제조	
석면함유제품	1년
석면해체, 제거업무	
벤조트리클로라이드	3년
갱내 작업	3년 이상 진폐증
염화비닐	4년
크롬산, 중크롬산	
삼산화비소, 니켈, 카드뮴	5년
벤젠, 제철용코크스	6년

5 질병자의 근로금지

(1) 사업주는 다음에 해당하는 사람의 근로를 금지해야 함

① 전염될 우려가 있는 질병에 걸린 사람. 다만, 전염을 예방하기 위한 조치를 한 경우는 제외

② 조현병, 마비성 치매에 걸린 사람

③ 심장·신장·폐 등의 질환이 있는 사람으로서 근로에 의하여 병세가 악화될 우려가 있는 사람

④ 1항부터 3항까지의 규정에 준하는 질병으로 장관이 정한 질병자

(2) 사업주는 근로를 금지하거나 근로를 다시 시작하도록 하는 경우에는 미리 보건관리자(의사인 보건관리자만 해당한다), 산업보건의 또는 건강진단을 실시한 의사의 의견을 들어야 함

6 질병자의 근로 제한

(1) 사업주는 다음에 해당하는 질병이 있는 근로자를 고기압 업무에 종사하도록 해서는 안 됨

① 감압증이나 그 밖에 고기압에 의한 장해 또는 그 후유증

② 결핵, 급성상기도감염, 진폐, 폐기종, 그 밖의 호흡기계의 질병

③ 빈혈증, 심장판막증, 관상동맥경화증, 고혈압증, 그 밖의 혈액 또는 순환기계의 질병

④ 정신신경증, 알코올중독, 신경통, 그 밖의 정신신경계의 질병

⑤ 메니에르씨병, 중이염, 그 밖의 이관(耳管)협착을 수반하는 귀 질환

⑥ 관절염, 류마티스, 그 밖의 운동기계의 질병

⑦ 천식, 비만증, 바세도우씨병, 그 밖에 알레르기성·내분비계·물질대사 또는 영양장해 등과 관련된 질병

[32] 재해예방전문기술지도

1 대상 사업장

(1) 공사금액
① 1억 원 이상의 공사를 하는 자
②「건축법」제11조에 의한 건축허가 대상이 되는 공사를 하는 자

(2) 제외공사
① 1개월 미만 건설공사
② 제주 제외 도서지역
③ 유해위험방지계획서 제출 대상 공사
④ 안전관리자 선임 후 노동부의 승인을 득한 현장

2 기술지도 업무

(1) 추락, 낙하, 붕괴, 감전 등의 재해예방에 관한 사항
(2) 위험기계, 기구의 방호조치 및 검사 등에 관한 사항
(3) 건설기계에 의한 재해예방에 관한 사항
(4) 근로자의 안전보건교육 및 개인보호구의 선택취급, 착용에 관한 사항
(5) 갱내 또는 밀폐공간 작업 시 작업환경측정, 환기, 배기시설 적정성 검토
(6) 산업안전보건관리비의 효율적인 집행 사항 및 무재해운동에 관한 사항
(7) 기타 법령의 규정에 의하여 당해 사업장에서 이행하여야 할 사항
(8) 공종별 안전관리 업무지원(가설, 토공사, 골조, 마감공사별 안전중점 사항 체크)

3 기술지도 계약시기 및 제재

(1) 계약 : 공사착공 전일까지
(2) 미체결 시 제재 : 산업안전보건관리비 20% 환수 또는 삭감
(3) 지연 체결 시 : 지연 체결로 기술지도 대가가 조정된 경우 조정된 금액만큼 산업안전보건관리비 환수 또는 삭감

4 기술지도 기준

(1) 월 2회 실시

(2) 건설안전기술사의 방문지도 8회당 1회

(3) 이하 개정 전과 동일

5 기술지도 범위(1인당 기준)

금액 구분	지도범위
3억 미만	45개소
3억~40억	30개소

6 결과 기록

(1) 공사관계자 확인

(2) 결과보고서 2부 발급

(3) 결과보고서 1부는 지도기관에 보관

7 기술지도 관련 서류 및 보존연한

(1) 관련 서류

① 기술지도계약서

② 기술지도결과 보고서

③ 사업장 관리 카드

④ 기술지도업무 수행에 관한 기타 사항

(2) 보존연한 : 기술지도 후 3년

8 인력 · 시설 및 장비 등의 요건

시설기준	인력기준	장비기준
사무실 (장비실 포함)	다음 각 목에 해당하는 인원 1) 산업안전(건설 분야) 또는 건설안전 기술사 1명 이상 2) 다음의 기술인력 중 2명 이상 가) 건설안전산업기사 이상으로서 건설안전 실무경력 7년(기사는 5년) 이상인 사람 나) 토목·건축산업기사 이상으로서 건설 실무 경력 7년(기사는 5년) 이상이고 영 제14조에 따른 안전관리자의 자격을 갖춘 사람 3) 다음의 기술인력 중 2명 이상 가) 건설안전산업기사 이상으로서 건설안전 실무경력 3년(기사는 1년) 이상인 사람 나) 토목·건축산업기사 이상으로서 건설 실무 경력 3년(기사는 1년) 이상이고 영 제14조에 따른 안전관리자의 자격을 갖춘 사람 4) 영 제14조에 따른 안전관리자의 자격을 갖춘 사람(영 별표 4 제8호부터 제13호까지의 규정에 해당하는 사람은 제외한다)으로서 건설안전 실무경력 2년 이상인 사람 1명 이상	지도인력 2명당 다음의 장비 각 1대 이상(지도인력이 홀수인 경우 지도인력을 2로 나눈 나머지인 1명도 다음의 장비를 1대씩 갖추어야 한다) 가. 가스농도측정기 나. 산소농도측정기 다. 접지저항측정기 라. 절연저항측정기 마. 조도계

[33] 건설현장의 작업환경측정

1 작업환경측정방법

(1) 측정 전 예비조사 실시

(2) 작업이 정상적으로 이루어져 작업시간과 유해인자에 대한 근로자의 노출 정도를 정확히 평가할 수 있을 때 실시

(3) 모든 측정은 개인시료채취방법으로 하되, 개인시료채취방법이 곤란한 경우에는 지역 시료채취방법으로 실시

2 측정 횟수

(1) 최초측정 : 신규로 가동되거나 변경되는 등 작업환경측정 대상 작업장이 된 경우 그날부터 30일 이내에 측정

(2) 정기측정 : 최초측정 이후 6개월에 1회 이상

(3) 1년에 1회 이상 측정 대상

공정설비의 변경, 작업방법의 변경, 설비의 이전, 사용 화학물질의 변경으로 작업환경측정 결과에 영향을 주는 변화가 없는 경우로서

① 작업공정 내 소음의 작업환경측정 결과가 최근 2회 연속 85dB 미만인 경우

② 작업공정 내 소음 외의 다른 모든 인자의 작업환경측정 결과가 최근 2회 연속 노출기준 미만인 경우

3 작업환경측정의 생략이 가능한 경우

(1) 임시작업 및 단시간 작업을 하는 작업장

(2) 관리 대상 유해물질의 허용 소비량을 초과하지 않은 작업장

(3) 분진작업의 적용 제외 작업장(분진에 관한 작업환경측정만 해당)

(4) 그 밖에 작업환경측정 대상 유해인자의 노출 수준이 노출기준에 비하여 현저히 낮은 경우로 고용노동부장관이 정하여 고시하는 작업장

4 결과의 보고

(1) 시료채취를 마친 날부터 30일 이내에 지방고용노동관서의 장에게 제출

(2) 시료분석 및 평가에 상당한 시간이 걸려 시료채취를 마친 날부터 30일 이내에 보고하는 것이 어려운 사업장은 그 사실을 증명하여 지방고용노동관서의 장에게 신고하면 30일의 범위에서 제출기간 연장 가능

(3) 노출기준 초과 작업공정이 있는 경우 : 해당 시설, 설비의 설치·개선 또는 건강진단의 실시 등 적절한 조치를 하고 시료채취를 마친 날부터 60일 이내에 해당 작업공정의 개선을 증명할 수 있는 서류 또는 개선계획을 관할 지방고용노동관서의 장에게 제출

5 작업환경측정자의 자격

그 사업장에 소속된 사람으로서 산업위생관리산업기사 이상의 자격을 가진 사람

6 건설현장의 작업환경측정 대상 유해인자

(1) 유기화학물 : 벤젠, 아세톤, 이황화탄소, 톨루엔, 페놀, 헥산

(2) 금속류

① 구리 : fume, 분진과 미스트

② 납 및 그 무기화합물

③ 알루미늄 및 그 화학물 : 금속분진, fume, 가용성 염, 알킬

④ 산화철 분진과 흄

⑤ 가스 상태 물질류 : 일산화탄소, 황화수소

(3) 물리적 인자

① 8시간 시간가중평균 80dB 이상의 소음

② 고열환경

(4) 분진

① 광물성 분진 : 규산   ② 규산염 : 운모, 흑연

③ 면 분진   ④ 나무 분진

⑤ 용접 흄   ⑥ 유리섬유

⑦ 석면 분진

7 근로자 대표 등의 참여 확대조치 시행

작업환경측정 전에 하는 예비조사의 단계에서 근로자 대표 또는 해당 작업공정을 수행하는 근로자가 요구하는 경우, 예비조사 시 근로자 대표 등을 참여시켜야 한다.

[34] 서류의 보존

1 서류 보존기간

(1) 1년

산업안전보건관리비 사용명세서

(2) 2년

① 노사협의체 회의록

② 산업안전보건위원회 회의록

③ 자율안전기준 서류(자율검사프로그램)

(3) 3년

① 산업재해 발생기록

② 관리책임자, 안전관리자, 보건관리자, 산업보건의 선임서류

③ 안전보건조치사항

④ 화학물질 유해성·위험성 조사

⑤ 작업환경측정에 관한 서류

⑥ 건강진단에 관한 서류

⑦ 안전인증검사(안전검사)

⑧ 기관석면조사(일반석면조사는 종결 시)

⑨ 위험성평가

⑩ 지도사 연수교육서류

(4) 5년

① 지도사업무(지도사 보수교육서류)

② 작업환경측정 결과 기록 서류

③ 공정안전보고서

④ 건강진단 결과표

(5) 30년

① 석면해체, 제거 업무(업자)

② 건강진단결과표(유해물질)

③ 작업환경측정결과서류(고용노동부장관 고시 물질)

❷ 결과보고서

    (1) 작업환경측정

       ① 사업장 명칭, 소재지

       ② 측정 연월일

       ③ 측정자 이름

       ④ 측정방법 및 결과

       ⑤ 분석자, 분석방법, 자료

    (2) 석면해체제거작업

       ① 석면해체 작업장 명칭 및 소재지

       ② 석면해체제거 근로자의 인적사항

       ③ 작업의 내용 및 작업기간

[35] 유해인자 허용기준 이하 유지 대상 유해인자

〈영 84조, 별표 26〉

① 6가크롬 화합물
② 납 및 그 무기화합물
③ 니켈 화합물(불용성 무기화합물로 한정)
④ 니켈카르보닐
⑤ 디메틸포름아미드
⑥ 디클로로메탄
⑦ 1,2-디클로로프로판
⑧ 망간 및 그 무기화합물
⑨ 메탄올
⑩ 메틸렌 비스(페닐 이소시아네이트)
⑪ 베릴륨 및 그 화합물
⑫ 벤젠
⑬ 1,3-부타디엔
⑭ 2-브로모프로판
⑮ 브롬화 메틸
⑯ 산화에틸렌
⑰ 석면(제조·사용하는 경우만 해당)
⑱ 수은 및 그 무기화합물
⑲ 스티렌
⑳ 시클로헥사논
㉑ 아닐린
㉒ 아크릴로니트릴
㉓ 암모니아
㉔ 염소
㉕ 염화비닐
㉖ 이황화탄소
㉗ 일산화탄소
㉘ 카드뮴 및 그 화합물

㉙ 코발트 및 그 무기화합물

㉚ 콜타르피치] 휘발물

㉛ 톨루엔

㉜ 톨루엔-2,4-디이소시아네이트

㉝ 톨루엔-2,6-디이소시아네이트

㉞ 트리클로로메탄

㉟ 트리클로로에틸렌

㊱ 포름알데히드

㊲ n-헥산

㊳ 황산

[36] 유해성 · 위험성 조사 제외 화학물질

〈영 85조〉

① 원소
② 천연으로 산출된 화학물질
③ 「건강기능식품에 관한 법률」에 따른 건강기능식품
④ 「군수품관리법」 및 「방위사업법」에 따른 군수품[「군수품관리법」에 따른 통상품(痛常品)은 제외]
⑤ 「농약관리법」에 따른 농약 및 원제
⑥ 「마약류 관리에 관한 법률」에 따른 마약류
⑦ 「비료관리법」에 따른 비료
⑧ 「사료관리법」에 따른 사료
⑨ 「생활화학제품 및 살생물제의 안전관리에 관한 법률」에 따른 살생물물질 및 살생물제품
⑩ 「식품위생법」에 따른 식품 및 식품첨가물
⑪ 「약사법」에 따른 의약품 및 의약외품(醫藥外品)
⑫ 「원자력안전법」에 따른 방사성물질
⑬ 「위생용품 관리법」에 따른 위생용품
⑭ 「의료기기법」에 따른 의료기기
⑮ 「총포 · 도검 · 화약류 등의 안전관리에 관한 법률」에 따른 화약류
⑯ 「화장품법」에 따른 화장품과 화장품에 사용하는 원료
⑰ 법 제108조제3항에 따라 고용노동부장관이 명칭, 유해성 · 위험성, 근로자의 건강장해 예방을 위한 조치 사항 및 연간 제조량 · 수입량을 공표한 물질로서 공표된 연간 제조량 · 수입량 이하로 제조하거나 수입한 물질
⑱ 고용노동부장관이 환경부장관과 협의하여 고시하는 화학물질 목록에 기록되어 있는 물질

[37] 사업장 위험성평가에 관한 지침

🔳 위험성 평가 실시절차

상시근로자수 20명 미만 사업장(총 공사금액 20억 원 미만의 건설공사)의 경우에는 다음 각 호중 제3호를 생략할 수 있다.

(1) 평가 대상의 선정 등 사전 준비

(2) 근로자의 작업과 관계되는 유해·위험요인의 파악

(3) 파악된 유해·위험요인별 위험성의 추정

(4) 추정한 위험성이 허용 가능한 위험성인지 여부의 결정

(5) 위험성 감소대책의 수립 및 실행

🔳 준비자료

(1) 관련설계도서(도면, 시방서)

(2) 공정표

(3) 공법 등을 포함한 시공계획서 또는 작업계획서, 안전보건 관련 계획서

(4) 주요 투입장비 사양 및 작업계획, 자재, 설비 등 사용계획서

(5) 점검, 정비 절차서

(6) 유해위험물질의 저장 및 취급량

(7) 가설전기 사용계획

(8) 과거 재해사례 등

🔳 업무절차 및 책임과 역할

(1) 안전팀

① 위험성 평가계획 수립 및 확정

② 평가팀의 구성

③ 평가자 레벨별 위험성 평가기법 및 방법교육

④ 위험성 평가에 대한 계획 실시 평가 개선의 진행을 경영층에 모니터링

⑤ 다음 연도 안전보건계획 및 목표에 반영

(2) 해당 부서

① 평가대상 작업공종 선정

② 평가팀 중심 위험성 평가 실시

③ 위험성 평가표 및 등록표 관리

④ 위험 감소대책의 실행

⑤ 위험성 평가 효과분석 및 경영층에 보고

4 위험성 평가계획 수립 시 포함 사항

(1) 작업공종 분석

(2) 평가대상 작업공종의 검토

(3) 위험성 평가 대상 리스트 작성

(4) 대상 작업공종에 대한 관련 정보수집

(5) 위험요인이 재해로 발전하는 빈도에 대한 검토

(6) 위험이 재해로 발전할 때 예상되는 손실 크기에 대한 검토

(7) 위험의 허용한도에 대한 검토

(8) 위험감소 대책의 실행절차

(9) 감소대책실행 후 위험도의 재평가 등

5 평가절차

6 단계별 수행방법

(1) 1단계 : 평가대상 공종의 선정

① 평가대상 공종별로 분류해 선정

- 평가대상 공종은 단위작업으로 구성되며 단위작업별로 위험성 평가 실시

② 작업공정 흐름도에 따라 평가대상 공종이 결정되면 평가대상 및 범위 확정

③ 위험성 평가대상 공종에 대하여 안전보건에 대한 위험정보 사전 파악

- 회사 자체 재해분석 자료
- 기타 재해자료

(2) 2단계 : 위험요인의 도출

① 근로자의 불안전한 행동으로 인한 위험요인

② 사용자재 및 물질에 의한 위험요인

③ 작업방법에 의한 위험요인

④ 사용기계, 기구에 대한 위험원의 확인

(3) 3단계 : 위험도 계산

① 위험도=사고의 발생빈도 × 사고의 발생강도

② 발생빈도=세부공종별 재해자수 / 전체 재해자수 × 100%

③ 발생강도=세부공종별 산재요양일수의 환산지수 합계 / 세부 공종별 재해자 수

산재요양일수의 환산지수	산재요양일수
1	4~5
2	11~30
3	31~90
4	91~180
5	181~360
6	360일 이상, 질병사망
10	사망(질병사망 제외)

(4) 4단계 : 위험도 평가

위험도 등급	평가기준
상	발생빈도와 발생강도를 곱한 값이 상대적으로 높은 경우
중	발생빈도와 발생강도를 곱한 값이 상대적으로 중간인 경우
하	발생빈도와 발생강도를 곱한 값이 상대적으로 낮은 경우

(5) 5단계 : 개선대책 수립

① 위험의 정도가 중대한 위험에 대해서는 구체적 위험 감소대책을 수립하여 감소대
책 실행 이후에는 허용할 수 있는 범위의 위험으로 끌어내리는 조치를 취한다.

② 위험요인별 위험 감소대책은 현재의 안전대책을 고려해 수립하고 이를 개선대책
란에 기입한다.

③ 위험요인별로 개선대책을 시행할 경우 위험수준이 어느 정도 감소하는지 개선
후 위험도 평가를 실시한다.

7 평가결과의 타당성 검토 및 보고

(1) 위험성 평가 타당성 검토

① 위험감소대책이 기술적 난이도를 고려했는지 여부

② 합리적으로 실행 가능한 낮은 수준으로 고려했는지 여부

③ 실행 우선 순위가 적절한지 여부

④ 새로운 위험의 발생 여부

⑤ 대책 실행 후 허용가능한 위험 범위 내로 위험이 감소되었는지 여부

(2) 평가결과의 보고

최종적으로 위험 감소대책을 포함한 위험성 평가결과는 경영층에 보고하고 노와
사가 공동으로 위험감소대책을 실행한다.

8 위험성 평가기법

(1) 사건수 분석(ETA) : 재해나 사고가 일어나는 것을 확률적인 수치로 평가하는 것이
가능한 기법으로 어떤 기능이 고장 나거나 실패할 경우 이후 다른 부분에 어떤 결과를
초래하는지를 분석하는 귀납적 방법이다.

(2) 위험과 운전 분석(HAZOP) : 시스템의 원래 의도한 설계와 차이가 있는 변이를 일련
의 가이드 워드를 활용해 체계적으로 식별하는 기법으로 정성적 분석기법이다.

(3) 예비 위험 분석(PHA) : 최초단계 분석으로 시스템 내의 위험요소가 어느 정도의
위험상태에 있는지를 평가하는 방법으로 정성적 분석방법이다.

(4) 고장 형태에 의한 영향 분석(FMEA) : 전형적인 정성적 · 귀납적 분석방법으로 시스
템에 영향을 미치는 전체 요소의 고장을 형태별로 분석해 고장이 미치는 영향을 분석
하는 방법이다.

[38] 소음 · 진동관리기준

1 건설공사에서 소음작업

"소음작업"이란 1일 8시간 작업을 기준으로 85데시벨 이상의 소음이 발생하는 작업을 말한다.

2 강렬한 소음작업

(1) 90데시벨 이상의 소음이 1일 8시간 이상 발생하는 작업
(2) 95데시벨 이상의 소음이 1일 4시간 이상 발생하는 작업
(3) 100데시벨 이상의 소음이 1일 2시간 이상 발생하는 작업
(4) 105데시벨 이상의 소음이 1일 1시간 이상 발생하는 작업
(5) 110데시벨 이상의 소음이 1일 30분 이상 발생하는 작업
(6) 115데시벨 이상의 소음이 1일 15분 이상 발생하는 작업

3 충격소음작업

(1) 120데시벨을 초과하는 소음이 1일 1만 회 이상 발생하는 작업
(2) 130데시벨을 초과하는 소음이 1일 1천 회 이상 발생하는 작업
(3) 140데시벨을 초과하는 소음이 1일 1백 회 이상 발생하는 작업

4 안전관리 기준

소음노출 평가, 소음노출 기준 초과에 따른 공학적 대책, 청력보호구의 지급과 착용, 소음의 유해성과 예방에 관한 교육, 정기적 청력검사, 기록 · 관리 사항 등이 포함된 소음성 난청을 예방 · 관리하기 위한 종합적인 계획을 수립해 적용한다.

5 진동작업

다음에 해당하는 기계기구를 사용하는 작업을 말한다.
(1) 착암기(鑿巖機)
(2) 동력을 이용한 해머
(3) 체인톱
(4) 엔진 커터(engine cutter)

(5) 동력을 이용한 연삭기

(6) 임팩트 렌치(impact wrench)

(7) 그 밖에 진동으로 인하여 건강장해를 유발할 수 있는 기계 · 기구

[39] 사전작업허가제

■ 주요 대상 작업

(1) 거푸집동바리 작업 중 높이 3.5미터 이상

(2) 토공사 중 깊이 2미터 이상의 굴착, 흙막이, 파일 작업

(3) 거푸집, 비계, 가설구조물의 조립 및 해체작업

(4) 건설기계장비 작업

(5) 높이 5미터 이상의 고소작업

(6) 타워크레인 사용 양중작업

(7) 절단 및 해체작업

(8) 로프 사용 작업 및 곤돌라 작업

(9) 밀폐공간 작업

(10) 소음, 진동 발생 발파작업 등 재해발생 위험이 높은 작업

② 업무절차

③ 단위절차별 업무내용

(1) 작업허가서 작성 : 안전보건관리책임자

(2) 작업허가서 검토 : 안전관리자, 관리감독자

(3) 허가서 발급 : 안전관리자, 안전보건총괄책임자

(4) 순회점검 : 위험요인 발견 시 작업중지, 안전조치 후 재발급

PART

04 건설기술진흥법

ACTUAL
INTERVIEW

[1] 안전관리조직

■ 안전관리 조직 구성 〈법 제64조〉

① 시공 및 안전 업무를 총괄하여 관리하는 안전총괄책임자
② 토목, 건축, 전기 등 각 분야별 시공 및 안전관리를 지휘하는 분야별 안전관리책임자
③ 현장에서 직접 시공 및 안전관리를 담당하는 안전관리담당자
④ 수급인(대표자)과 하수급인(대표자)으로 구성된 협의체의 구성원

■ 안전관리 조직의 직무 등 〈영 제102조〉

(1) 안전총괄책임자
  ① 안전관리계획서의 작성 및 제출
  ② 안전관리 관계자의 업무 분담 및 직무 감독
  ③ 안전사고가 발생할 우려가 있거나 안전사고가 발생한 경우의 비상동원 및 응급조치
  ④ 안전관리비의 집행 및 확인
  ⑤ 협의체의 운영
  ⑥ 안전관리에 필요한 시설 및 장비 등의 지원
  ⑦ 시행령 제100조 제1항 각 호 외의 부분에 따른 자체안전점검의 실시 및 점검 결과에 따른 조치에 대한 지휘·감독
  ⑧ 시행령 제103조에 따른 안전교육의 지휘·감독(매일 공사 착수 전 실시하는 안전교육)

(2) 분야별 안전관리책임자
  ① 공사분야별 안전관리 및 안전관리계획서의 검토·이행
  ② 각종 자재 등의 적격품 사용 여부 확인
  ③ 자체안전점검 실시의 확인 및 점검 결과에 따른 조치
  ④ 건설공사현장에서 발생한 안전사고의 보고
  ⑤ 제103조에 따른 안전교육의 실시(매일 공사 착수 전 실시하는 안전교육)
  ⑥ 작업 진행 상황의 관찰 및 지도

(3) 안전관리담당자

    ① 분야별 안전관리책임자의 직무 보조

    ② 자체안전점검의 실시

    ③ 시행령 제103조에 따른 안전교육 실시(매일 공사 착수 전 실시하는 안전교육)

(4) 협의체(매월 1회 이상 회의 개최)

    ① 안전관리계획의 이행에 관한 사항 협의

    ② 안전사고 발생 시 대책 등에 관한 사항 협의

[2] 가설구조물 구조 안전성 확인

1 관계전문가의 구조적 안전성을 확인받아야 하는 가설구조물 〈영 제101조의2〉

① 높이 31미터 이상인 비계, 브라켓(bracket) 비계
② 작업발판 일체형 거푸집 또는 높이가 5미터 이상인 거푸집동바리
③ 터널의 지보공 또는 높이가 2미터 이상인 흙막이 지보공
④ 동력을 이용하여 움직이는 가설구조물
⑤ 높이 10미터 이상에서 외부 작업을 하기 위하여 작업발판 및 안전시설물을 일체화하여 설치하는 가설구조물
⑥ 공사현장에서 제작하여 조립·설치하는 복합형 가설구조물
⑦ 발주자 또는 인·허가기관의 장이 필요하다고 인정하는 가설구조물

※ 건설사업자 또는 주택건설등록업자는 위 항의 가설구조물을 시공하기 전 '시공상세도면'과 '관계전문가의 구조계산서'를 공사감독자 또는 건설사업관리기술인에게 제출
　→ 관계전문가의 확인 없이 가설구조물 설치공사를 한 건설사업자 또는 주택건설등록업자는 「건진법」 제88조(벌칙)제8호에 따라 2년 이하의 징역 또는 2천만 원 이하의 벌금

2 가설구조물의 구조적 안전성을 확인할 수 있는 기술사의 요건

① 「기술사법 시행령」 별표 2의2에 따른 건축구조, 토목구조, 토질 및 기초와 건설기계 직무 범위 중 공사감독자 또는 건설사업관리기술인이 해당 가설구조물의 구조적 안전성을 확인하기에 적합하다고 인정하는 직무 범위의 기술사
② 해당 가설구조물을 설치하기 위한 공사의 건설사업자나 주택건설등록업자에게 고용되지 않은 기술사

[3] 건설공사 사고 발생 시 신고

1 건설공사 최초사고 신고(「건설공사 안전관리 업무수행 지침」 제60조, 제61조)

(1) 건설공사 참여자(발주자 제외)는 건설사고 발생 시 2시간 이내에 아래 사항을 발주청 및 인·허가기관의 장에게 전화·팩스 등으로 통보하여야 한다.
   ① 사고발생 일시 및 장소(현장주소)
   ② 사고발생 경위
   ③ 피해사항(사망자 수, 부상자 수)
   ④ 공사명
   ⑤ 그 밖의 필요한 사항 등

(2) 건설공사 참여자로부터 건설사고 발생을 통보받은 발주청 및 인·허가기관의 장은 24시간 이내 아래 사항을 국토교통부장관에게 제출해야 하며, 그 결과를 보관·관리해야 한다.
   ① 건설공사 참여자가 통보해야 하는 사항
   ② 공사현황
   ③ 사고원인 및 사고 발생 후 조치사항
   ④ 향후 조치계획 및 재발방지대책
   ⑤ 그 밖의 필요한 사항 등
   → 건설공사 발주청 및 인·허가기관에 미통보한 건설공사 참여자(발주자 제외)는 「건진법」 제91조(과태료) 3항 16호에 따라 300만 원 이하의 과태료

2 건설공사현장 사고조사 〈영 제105조〉

① 국토교통부장관은 중대건설현장사고가 발생하여 현장조사가 필요하다고 판단되는 경우 「건설사고조사위원회 운영규정」에 따라 국토안전관리원으로 하여금 초기현장조사를 실시하게 할 수 있고, 필요시 상세조사 및 정밀조사를 하게 할 수 있다.
   ※ 중대사고 : 사망자가 3명 이상인 경우, 부상자자 10명 이상인 경우, 건설 중이거나 완공된 시설물이 붕괴 또는 전도되어 재시공이 필요한 경우
② 국토교통부장관, 발주청, 인·허가기관의 장 및 건설사고조사위원회는 사고조사를 위해 건설사업자 및 주택건설등록업자 등에게 관련 자료의 제출을 요청할 수 있다.

〈 건설사고 신고 절차 〉

[4] 안전관리계획

1 작성대상공사 〈영 제98조 제1항〉

① 「시설물의 안전 및 유지관리에 관한 특별법」 제7조 제1호 및 제2호에 따른 1종시설물 및 2종시설물의 건설공사

② 지하 10미터 이상을 굴착하는 건설공사

③ 폭발물을 사용하는 건설공사로서 20미터 안에 시설물이 있거나 100미터 안에 사육하는 가축이 있어 해당 공사로 인한 영향을 받을 것이 예상되는 건설공사

④ 10층 이상 16층 미만인 건축물의 건설공사

④의2 다음 리모델링 또는 해체공사
- 10층 이상인 건축물의 리모델링 또는 해체공사
- 「주택법」 제2조 제25호 다목에 따른 수직증축형 리모델링

⑤ 「건설기계관리법」 제3조에 따라 등록된 다음 건설기계가 사용되는 건설공사
- 천공기(높이 10미터 이상인 것만 해당)
- 항타 및 항발기
- 타워크레인

⑤의2 제101조의2 제1항 각 호의 가설구조물을 사용하는 건설공사
- 높이가 31m 이상 비계
- 작업발판 일체형 거푸집, 높이가 5m 이상인 거푸집 및 동바리
- 터널 지보공 또는 높이가 2m 이상인 흙막이 지보공
- 동력을 이용하여 움직이는 가설 구조물
- 그 밖에 발주자 또는 인허가 기관의 장이 필요하다고 인정하는 가설구조물

⑥ 제1항부터 제4항까지, 제4항의2, 제5항 및 제5항의2의 건설공사 외의 건설공사로서 다음 어느 하나에 해당하는 공사
- 발주자가 안전관리가 특히 필요하다고 인정하는 건설공사
- 해당 지방자치단체의 조례로 정하는 건설공사 중에서 인 · 허가기관의 장이 안전관리가 특히 필요하다고 인정하는 건설공사

2 작성 및 제출 〈법 제62조〉

(1) 작성자 : 건설업자, 주택건설등록업자

(2) 검토 · 확인자 : 공사감독자 또는 건설사업관리기술자

(3) 제출시기 및 제출처 : 건설공사를 착공하기 전에 발주청 또는 인 · 허가기관의 장에게
제출, 안전관리계획의 내용을 변경하는 경우에도 또한 같다.

3 안전관리계획서 심사 〈법 제62조, 영 제98조〉

(1) 안전관리계획을 제출받은 발주청 또는 인 · 허가기관의 장은 15일 이내에 안전관리계
획의 내용을 심사하여 건설업자 또는 주택건설등록업자에게 그 결과를 통보해 주어야
한다.

(2) 발주청 또는 인 · 허가기관의 장은 안전관리계획의 내용을 심사하는 경우 제100조
제2항에 따른 건설안전점검기관에 의뢰하여 검토하게 할 수 있다. 다만, 1, 2종시설물
의 건설공사의 경우에는 국토안전관리원에 안전관리계획의 검토를 의뢰하여야 한다.

(3) 심사결과 구분 · 판정

① 적정 : 안전에 필요한 조치가 구체적이고 명료하게 계획되어 건설공사의 시공상
안전성이 충분히 확보되어 있다고 인정될 때

② 조건부 적정 : 안전성 확보에 치명적인 영향을 미치지는 아니하지만 일부 보완이
필요하다고 인정될 때

③ 부적정 : 시공 시 안전사고가 발생할 우려가 있거나 계획에 근본적인 결함이 있다
고 인정될 때

※ 부적정 판정을 받은 경우에는 안전관리계획의 변경 등 필요한 조치를 하여야 함

4 안전관리계획의 수립 기준 〈법 제62조, 영 제99조〉

① 건설공사의 개요 및 안전관리조직

② 공정별 안전점검계획

③ 공사장 주변의 안전관리대책

④ 통행안전시설의 설치 및 교통 소통에 관한 계획

⑤ 안전관리비 집행계획

⑥ 안전교육 및 비상시 긴급조치계획

⑦ 공종별 안전관리계획(대상 시설물별 건설공법 및 시공절차 포함)

5 안전관리계획의 수립기준(규칙 제58조, 별표 7)

(1) 일반기준

① 안전관리계획은 다음 표에 따라 구분하여 각각 작성·제출해야 한다.

구분	작성 기준	제출 기한
총괄 안전관리계획	(1)에 따라 건설공사 전반에 대하여 작성	건설공사 착공 전까지
공종별 세부 안전관리계획	(3) 각 목 중 해당하는 공종별로 작성	공종별로 구분하여 해당 공종의 착공 전까지

② 각 안전관리계획서의 본문에는 반드시 필요한 내용만 작성하며, 해당 사항이 없는 내용에 대해서는 "해당 사항 없음"으로 작성한다.

③ 각 안전관리계획서에 첨부하는 관련 법령, 일반도면, 시방기준 등 일반적인 내용의 자료는 특별히 필요한 자료 외에는 최소한으로 첨부한다. 다만, 안전관리계획의 검토를 위하여 필요한 배치도, 입면도, 층별 평면도, 종·횡단면도(세부 단면도를 포함한다) 및 그 밖에 공사현황을 파악할 수 있는 주요 도면 등은 각 안전관리계획과 별도로 첨부하여 제출해야 한다.

④ 이 표에서 규정한 사항 외에 건설공사의 안전 확보를 위하여 안전관리계획에 포함해야 하는 세부사항은 국토교통부장관이 정하여 고시할 수 있다.

(2) 총괄 안전관리계획의 수립기준

1) 건설공사의 개요

공사 전반에 대한 개략을 파악하기 위한 위치도, 공사개요, 전체 공정표 및 설계도서(해당 공사를 인가·허가 또는 승인한 행정기관 등에 이미 제출된 경우는 제외한다)

2) 현장 특성 분석

① 현장 여건 분석

주변 지장물(支障物) 여건(지하 매설물, 인접 시설물 제원 등을 포함한다), 지반 조건[지질 특성, 지하수위(地下水位), 시추주상도(試錐柱狀圖) 등을 말한다], 현장시공 조건, 주변 교통 여건 및 환경요소 등

② 시공단계의 위험 요소, 위험성 및 그에 대한 저감대책

㉠ 핵심관리가 필요한 공정으로 선정된 공정의 위험 요소, 위험성 및 그에 대한 저감대책

㉡ 시공단계에서 반드시 고려해야 하는 위험 요소, 위험성 및 그에 대한 저감대책(영 제75조의2제1항에 따라 설계의 안전성 검토를 실시한 경우에는 같은

조 제2항제1호의 사항을 작성하되, 같은 조 제4항에 따라 설계도서의 보완·변경 등 필요한 조치를 한 경우에는 해당 조치가 반영된 사항을 기준으로 작성한다)

ⓒ ⓐ 및 ⓑ 외에 시공자가 시공단계에서 위험 요소 및 위험성을 발굴한 경우에 대한 저감대책 마련 방안

③ 공사장 주변 안전관리대책

공사 중 지하매설물의 방호, 인접 시설물 및 지반의 보호 등 공사장 및 공사현장 주변에 대한 안전관리에 관한 사항(주변 시설물에 대한 안전 관련 협의서류 및 지반침하 등에 대한 계측계획을 포함한다)

④ 통행안전시설의 설치 및 교통소통계획

ⓐ 공사장 주변의 교통소통대책, 교통안전시설물, 교통사고예방대책 등 교통 안전관리에 관한 사항(현장차량 운행계획, 교통 신호수 배치계획, 교통안전시설물 점검계획 및 손상·유실·작동이상 등에 대한 보수 관리계획을 포함한다)

ⓑ 공사장 내부의 주요 지점별 건설기계·장비의 전담유도원 배치계획

3) 현장운영계획

① 안전관리조직

공사관리조직 및 임무에 관한 사항으로서 시설물의 시공안전 및 공사장 주변 안전에 대한 점검·확인 등을 위한 관리조직표(비상시의 경우를 별도로 구분하여 작성한다)

② 공정별 안전점검계획

ⓐ 자체안전점검, 정기안전점검의 시기·내용, 안전점검 공정표, 안전점검 체크리스트 등 실시계획 등에 관한 사항

ⓑ 계측장비 및 폐쇄회로 텔레비전 등 안전 모니터링 장비의 설치 및 운용계획에 관한 사항(「시설물의 안전 및 유지관리에 관한 특별법 시행령」 별표 1에 따른 제2종시설물 중 공동주택의 건설공사는 공사장 상부에서 전체를 실시간으로 파악할 수 있도록 폐쇄회로 텔레비전의 설치·운영계획을 마련해야 한다)

③ 안전관리비 집행계획

안전관리비의 계상, 산출·집행계획, 사용계획 등에 관한 사항

④ 안전교육계획

안전교육계획표, 교육의 종류·내용 및 교육관리에 관한 사항

⑤ 안전관리계획 이행보고 계획

위험한 공정으로 감독관의 작업허가가 필요한 공정과 그 시기, 안전관리계획 승인권자에게 안전관리계획 이행 여부 등에 대한 정기적 보고계획 등

4) 비상시 긴급조치계획

① 공사현장에서의 사고, 재난, 기상이변 등 비상사태에 대비한 내부·외부 비상연락망, 비상동원조직, 경보체제, 응급조치 및 복구 등에 관한 사항

② 건축공사 중 화재발생을 대비한 대피로 확보 및 비상대피 훈련계획에 관한 사항(단열재 시공시점부터는 월 1회 이상 비상대피 훈련을 실시해야 한다)

(3) 공종별 세부 안전관리계획

1) 가설공사

① 가설구조물의 설치개요 및 시공상세도면

② 안전시공 절차 및 주의사항

③ 안전점검계획표 및 안전점검표

④ 가설물 안전성 계산서

2) 굴착공사 및 발파공사

① 굴착, 흙막이, 발파, 항타 등의 개요 및 시공상세도면

② 안전시공 절차 및 주의사항(지하매설물, 지하수위 변동 및 흐름, 되메우기 다짐 등에 관한 사항을 포함한다)

③ 안전점검계획표 및 안전점검표

④ 굴착 비탈면, 흙막이 등 안전성 계산서

3) 콘크리트공사

① 거푸집, 동바리, 철근, 콘크리트 등 공사개요 및 시공상세도면

② 안전시공 절차 및 주의사항

③ 안전점검계획표 및 안전점검표

④ 동바리 등 안전성 계산서

4) 강구조물공사

① 자재·장비 등의 개요 및 시공상세도면

② 안전시공 절차 및 주의사항

③ 안전점검계획표 및 안전점검표

④ 강구조물의 안전성 계산서

5) 성토(흙쌓기) 및 절토(땅깎기) 공사(흙댐공사를 포함한다)

① 자재·장비 등의 개요 및 시공상세도면

② 안전시공 절차 및 주의사항

③ 안전점검계획표 및 안전점검표

④ 안전성 계산서

6) 해체공사

① 구조물해체의 대상·공법 등의 개요 및 시공상세도면

② 해체순서, 안전시설 및 안전조치 등에 대한 계획

7) 건축설비공사

① 자재·장비 등의 개요 및 시공상세도면

② 안전시공 절차 및 주의사항

③ 안전점검계획표 및 안전점검표

④ 안전성 계산서

8) 타워크레인 사용공사

① 타워크레인 운영계획

안전작업절차 및 주의사항, 관리자 및 신호수 배치계획, 타워크레인간 충돌방지계획 및 공사장 외부 선회방지 등 타워크레인 설치·운영계획, 표준작업시간 확보계획, 관련 도면[타워크레인에 대한 기초 상세도, 브레이싱(압축 또는 인장에 작용하며 구조물을 보강하는 대각선 방향 등의 구조 부재) 연결 상세도 등 설치 상세도를 포함한다]

② 타워크레인 점검계획

점검시기, 점검 체크리스트 및 검사업체 선정계획 등

③ 타워크레인 임대업체 선정계획

적정 임대업체 선정계획(저가임대 및 재임대 방지방안을 포함한다), 조종사 및 설치·해체 작업자 운영계획(원격조종 타워크레인의 장비별 전담 조정사 지정여부 및 조종사의 운전시간 등 기록관리 계획을 포함한다), 임대업체 선정과 관련된 발주자와의 협의시기, 내용, 방법 등 협의계획

④ 타워크레인에 대한 안전성 계산서(현장조건을 반영한 타워크레인의 기초 및 브레이싱에 대한 계산서는 반드시 포함해야 한다)

[5] 소규모 안전관리계획

1 대상 공사

2층 이상 10층 미만이면서 연면적 1천m² 이상인 공동주택 · 근린생활시설 · 공장 및 연면적 5천m² 이상인 창고

2 준수사항

시공자는 발주청이나 인허가기관으로부터 계획을 승인받은 이후 착공해야 한다.

3 안전관리계획과 다른 점

(1) 안전관리계획 : 총 6단계(수립 – 확인 – 제출 – 검토 – 승인 – 착공)

(2) 소규모 안전관리계획 : 총 4단계(수립 – 제출 – 승인 – 착공)

4 작성비용의 계상

발주자가 안전관리비에 계상하여 시공자에게 지불

5 세부규정

① 현장을 수시로 출입하는 건설기계나 장비와의 충돌사고 등을 방지하기 위해 현장 내에 기계 · 장비 전담 유도원을 배치해야 한다.

② 화재사고를 대비하여 대피로 확보 및 비상대피훈련계획을 수립하고, 화재위험이 높은 단열재 시공 시점부터는 월 1회 이상 비상대피훈련을 실시해야 한다.

③ 현장 주변을 지나가는 보행자의 안전을 확보하기 위해 공사장 외부로 타워크레인 지브가 지나가지 않도록 타워크레인 운영계획을 수립해야 하고, 무인 타워크레인은 장비별 전담 조종자를 지정 · 운영하여야 한다.

⑥ 안전관리계획과 소규모 안전관리계획 비교

구분	안전관리계획	소규모 안전관리계획	비고
대상	• 10층 이상인 건축물 공사 • 1 · 2종 시설물의 건설공사 • 지하 10m 이상을 굴착하는 건설공사 • 타워크레인, 항타 및 항발기, 높이가 10m 이상인 천공기를 사용하는 건설공사 등	• 2~9층 건축물 공사 중 연면적 1천 m² 이상인 공동주택, 1 · 2종 근린생활시설, 공장(산업단지에 건축하는 공장은 연면적 2천 m² 이상) • 2~9층 건축물 공사 중 연면적 5천 m² 이상인 창고	시행령

내용	• 총괄 안전관리계획
	  – 건설공사 개요
	  – 현장 특성 분석(공사장 주변 안전관리대책, 통행안전시설의 설치 및 교통소통계획 등)
	  – 현장운영계획(안전관리조직, 공정별 안전점검계획, 안전관리비집행계획, 안전교육계획 등)
	  – 비상시 긴급조치계획
	• 공종별 세부 안전관리계획
	  – 가설, 굴착 및 발파, 콘크리트, 강구조물, 성토 및 절토, 해체, 설비공사, 타워크레인 공사 등
		• 건설공사 개요
		• 비계 설치계획
		• 안전시설물 설치계획
			시행규칙

절차	• 시공자 수립 • 공사감독자 또는 건설사업관리기술인 확인 • 발주청, 인허가기관에 제출 • 시설안전공단 또는 건설안전점검기관 검토 • 발주청, 인허가기관의 승인 • 착공	• 시공자 수립 • 발주청, 인허가기관에 제출 • 발주청, 인허가기관의 승인 • 착공	법률

[6] 안전점검 종류별 내용

종류	점검시기	점검내용
자체안전점검	건설공사의 공사기간 동안 해당 공종별로 매일 실시	건설공사 전반
정기안전점검	• 안전관리계획에서 정한 시기와 횟수에 따라 실시 • 대상 : 안전관리계획 수립 공사	• 임시시설 및 가설공법의 안전성 • 품질, 시공 상태 등의 적정성 • 인접 건축물 또는 구조물의 안전성
정밀안전점검	정기안전점검 결과 필요시	• 시설물 결함에 대한 구조적 안전성 • 결함의 원인 등을 조사·측정·평가하여 보수·보강 등 방법 제시
초기점검	준공 직전	정기안전점검 수준 이상으로 점검
공사재개 전 점검	1년 이상 공사 중단 후 재개 시	공사 재개 시 안전성·구조적 결함

[7] DFS(Design For Safety)

1 목적

계획 · 설계 · 시공 · 사업관리 등 전 단계에서 위험요소를 관리함으로써 건설사고를
예방하기 위한 발주자 중심의 안전관리체계의 확립

2 DFS Flow Chart

3 대상

발주청 발주공사 중 안전관리계획 수립 대상 건설공사

4 검토시기

실시설계 80% 진행 시점

5 작성자 : 설계자

6 검토기관 : 국토안전관리원

7 승인기관 : 발주청

[8] 안전관리비

1 포함사항

① 안전관리계획의 작성 및 검토 비용

② 안전점검 비용

③ 발파·굴착 등의 건설공사로 인한 주변 건축물 등의 피해방지대책 비용

④ 공사장 주변의 통행안전 및 교통소통을 위한 안전시설의 설치 및 유지관리 비용

⑤ 공사시행 중 구조적 안전성 확보 비용

2 계상기준

① 전관리계획서 작성 및 검토비용

② 안전점검 대가의 세부 산출기준 적용

③ 공사장 주변 건축물 등의 피해를 최소화하기 위한 사전보강, 보수, 임시이전 등에 필요한 비용 계상

④ 공사 시행 중의 통행안전 및 교통소통을 위한 시설의 설치비용 및 신호수의 비치 비용에 관해서는 토목·건축 등 관련 분야의 설계기준 및 인건비기준을 적용하여 계상

⑤ 공정별 안전점검계획에 따라 계측장비, 폐쇄회로텔레비전 등 안전 모니터링 장치의 설치 및 운용에 필요한 비용을 계상

⑥ 가설구조물의 구조적 안전성을 확보하기 위하여 관계 전문가의 확인에 필요한 비용을 계상

3 증액계상

① 공사기간의 연장

② 설계변경 등으로 인한 건설공사 내용의 추가

③ 안전점검의 추가편성 등 안전관리계획의 변경

④ 그 밖에 발주자가 안전관리비의 증액이 필요하다고 인정하는 사유

4 계상항목별 사용기준

계상항목	사용기준
1. 안전관리계획의 작성 및 검토 비용	① 안전관리계획 작성 비용 　• 안전관리계획서 작성 비용(공법 변경에 의한 재작성 비용 포함) 　• 안전점검 공정표 작성 비용 　• 안전관리에 필요한 시공 상세도면 작성 비용 　• 안전성계산서 작성 비용 　　(거푸집 및 동바리 등) 　※ 기작성된 시공 상세도면 및 안전성계산서 작성 비용은 제외한다. ② 안전관리계획 검토 비용 　• 안전관리계획서 검토 비용 　• 대상시설물별 세부안전관리계획서 검토 비용 　　– 시공상세도면 검토 비용 　　– 안전성계산서 검토 비용 　※ 기작성된 시공 상세도면 및 안전성계산서 작성 비용은 제외한다.
2. 안전점검 비용	① 정기안전점검 비용 　건설공사별 정기안전점검 실시시기에 발주자의 승인을 얻어 건설 　안전점검기관에 의뢰하여 실시하는 안전점검에 소요되는 비용 ② 초기점검 비용 　해당 건설공사를 준공(임시사용을 포함)하기 직전에 실시하는 　안전점검에 소요되는 비용 　※ 초기점검의 추가조사 비용은 본 지침 안전점검 비용요율에 　　따라 계상되는 비용과 별도로 비용 계상을 하여야 한다.
3. 발파 · 굴착 등의 건설공사로 인한 주변 건축물 등의 피해 방지대책 비용	① 지하매설물 보호조치 비용 　• 관매달기 공사 비용 　• 지하매설물 보호 및 복구 공사 비용 　• 지하매설물 이설 및 임시이전 공사 비용 　• 지하매설물 보호조치 방안 수립을 위한 조사 비용 　※ 공사비에 기반영되어 있는 경우에는 계상을 하지 않는다. ② 발파 · 진동 · 소음으로 인한 주변지역 피해방지대책 비용 　• 대책 수립을 위해 필요한 계측기 설치, 분석 및 유지관리 비용 　• 주변 건축물 및 지반 등의 사전보강, 보수, 임시이전 비용 및 　　비용 산정을 위한 조사 비용 　• 암파쇄방호시설(계획절토고가 10m 이상인 구간) 설치, 유지 　　관리 및 철거 비용

계상항목	사용기준
3. 발파·굴착 등의 건설공사로 인한 주변 건축물 등의 피해 방지대책 비용	• 임시방호시설(계획절토고가 10m 미만인 구간) 설치, 유지관리 및 철거 비용 ※ 공사비에 기반영되어 있는 경우에는 계상을 하지 않는다. ③ 지하수 차단 등으로 인한 주변지역 피해방지대책 비용 • 대책 수립을 위해 필요한 계측기의 설치, 분석 및 유지관리 비용 • 주변 건축물 및 지반 등의 사전보강, 보수, 임시이전 비용 및 비용 산정을 위한 조사비용 • 급격한 배수 방지 비용 ※ 공사비에 기반영되어 있는 경우에는 계상을 하지 않는다. ④ 기타 발주자가 안전관리에 필요하다고 판단되는 비용
4. 공사장 주변의 통행안전 및 교통소통을 위한 안전시설의 설치 및 유지관리 비용	① 공사시행 중의 통행안전 및 교통소통을 위한 안전시설의 설치 및 유지관리 비용 • PE드럼, PE펜스, PE방호벽, 방호울타리 등 • 경관등, 차선규제봉, 시선유도봉, 표지병, 점멸등, 차량 유도등 등 • 주의 표지판, 규제 표지판, 지시 표지판, 휴대용 표지판 등 • 라바콘, 차선분리대 등 • 기타 발주자가 필요하다고 인정하는 안전시설 • 현장에서 사토장까지의 교통안전, 주변시설 안전대책시설의 설치 및 유지관리 비용 • 기타 발주자가 필요하다고 인정하는 안전시설 ※ 공사기간 중 공사장 외부에 임시적으로 설치하는 안전시설만 인정된다. ② 기타 발주자가 안전관리에 필요하다고 판단되는 비용
5. 공정별 안전점검계획에 따라 계측장비, 폐쇄회로텔레비전 등 안전 모니터링 장치의 설치 및 운용에 필요한 비용	① 공정별 안전점검계획에 따라 계측장비, 폐쇄회로텔레비전 등 안전 모니터링 장치의 설치 및 운용에 필요한 비용 • 안전관리만을 목적으로 하는 점검장비의 설치 및 운용 비용 • 공사장 외부 구조물의 안전성 확보를 위한 계측장비의 설치 및 운용비용 ② 기타 발주자가 안전관리에 필요하다고 판단되는 비용
6. 공사시행 중 구조적 안전성 확보 비용	① 계측장비의 설치 및 운영 비용 ② 폐쇄회로텔레비전의 설치 및 운영 비용 ③ 가설구조물 안전성 확보를 위해 관계 전문가에게 확인받는 데 필요한 비용

05 시설물의 안전 및 유지관리에 관한 특별법

ACTUAL
INTERVIEW

[1] 안전점검 · 진단

종류	점검시기	점검내용
정기점검	• A · B · C 등급 : 반기당 1회 • D · E 등급 : 해빙기 · 우기 · 동절기 등 연간 3회	• 시설물의 기능적 상태 • 사용요건 만족도
정밀점검	① 건축물 　• A : 4년에 1회 　• B · C : 3년에 1회 　• D · E : 2년에 1회 　• 최초실시 : 준공일 또는 사용승인일 기준 3년 이내(건축물은 4년 이내) 　• 건축물에는 부대시설인 옹벽과 절토 사면을 포함한다. ② 기타 시설물 　• A : 3년에 1회 　• B · C : 2년에 1회 　• D · E : 1년마다 1회 　• 항만시설물 중 썰물 시 바닷물에 항상 잠겨 있는 부분은 4년에 1회 이상 실시한다.	• 시설물 상태 • 안전성 평가
긴급점검	• 관리주체가 필요하다고 판단 시 • 관계 행정기관장이 필요하여 관리주체에게 긴급점검을 요청한 때	재해, 사고에 의한 구조적 손상 상태
정밀진단	최초 실시 : 준공일, 사용승인일로부터 10년 경과 시 1년 이내 • A 등급 : 6년에 1회 • B · C 등급 : 5년에 1회 • D · E 등급 : 4년에 1회	• 시설물의 물리적, 기능적 결함 발견 • 신속하고 적절한 조치를 취하기 위해 구조적 안전성과 결함 원인을 조사, 측정, 평가 • 보수, 보강 등의 방법 제시

[2] 점검 및 진단 실시자격등급

구분	등급 및 경력관리	
	자격등급	교육이수 및 경력사항
정기점검	안전·건축·토목 직무분야 초급기술자 이상	국토교통부장관이 인정하는 안전점검교육 이수
정밀점검 · 긴급점검	안전·건축·토목 직무분야 고급기술자 이상	국토교통부장관이 인정하는 안전점검교육 이수
	연면적 5천 제곱미터 이상 건축물의 설계·감리 실적이 있는 건축사	국토교통부장관이 인정하는 건축분야 안전점검교육 이수
정밀안전진단	건축·토목 직무분야 특급기술자 이상	국토교통부장관이 인정하는 해당 분야(교량·터널·수리·항만·건축) 정밀안전진단교육을 이수한 후 그 분야의 정밀점검·정밀안전진단업무 경력 2년 이상
	연면적 5천 제곱미터 이상 건축물의 설계·감리 실적이 있는 건축사	국토교통부장관이 인정하는 안전점검교육 이수

[3] 정밀안전진단 대상 시설물

(1) 교량

　① 도로교량 중 상부구조형식이 현수교 · 사장교 · 아치교 · 트러스트교인 교량 및
　　최대 경간장 50미터 이상인 교량(한 경간 교량은 제외한다.)

　② 철도교량 중 상부구조형식이 트러스트 · 아치교인 교량

　③ 고속철도 교량

(2) 연장 1천 미터 이상인 터널

(3) 갑문시설

(4) 다목적댐, 발전용댐, 홍수전용댐 및 저수용량 2천만 톤 이상인 용수전용 댐

(5) 하구둑과 특별시에 있는 국가하천의 수문

(6) 광역상수도 및 그 부대시설과 공업용수도(공급능력 100만 톤 이상인 것만 해당한다.)
　및 그 부대시설

(7) 말뚝구조의 계류시설(10만 톤급 이상의 시설만 해당한다.)

(8) 포용조수량 8천만 톤 이상의 방조제

(9) 다기능 보(높이 5미터 이상인 것만 해당한다.)

[4] 중대한 결함 대상

(1) 시설물 기초의 세굴

(2) 교량·교각의 부등침하

(3) 교량 교좌장치의 파손

(4) 터널지반의 부등침하

(5) 항만계류시설 중 강관 또는 철근콘크리트파일의 파손·부식

(6) 댐 본체의 균열 및 시공이음의 시공 불량 등에 의한 누수

(7) 건축물의 기둥보 또는 내력벽의 내력 손실

(8) 하구둑 및 제방의 본체, 수문, 교량의 파손·누수 또는 세굴

(9) 폐기물매립시설의 차수시설 파손에 의한 침출수의 유출

(10) 시설물 철근콘크리트의 염해 또는 탄산화에 따른 내력 손실

(11) 절토·성토사면의 균열이완 등에 따른 옹벽의 균열 또는 파손

(12) 기타 규칙에서 정하는 구조안전에 영향을 주는 결함

[5] FMS(Facility Management System)

1 FMS

① "시설물정보관리종합시스템"(이하 "FMS"이라 함)은 「시설물의 안전관리에 관한 특별법령」(이하 "시특법령"이라 함)에 따라 시설물의 안전 및 유지관리에 관련된 정보체계 구축을 목적으로 인터넷(http://www.fms.or.kr)을 이용하여 실시간으로 시설물의 정보, 안전진단전문기관·유지관리업자의 정보 등을 종합적으로 관리하는 시스템이다.

② FMS의 시설물 정보는 단순히 시설물 이력관리만을 위한 것이 아니라 국가 주요시설물인 1·2종 시설물을 대상으로 설계도서, 감리보고서, 안전점검종합보고서, 안전점검 및 정밀안전진단 실시결과, 보수·보강이력 등 당해 시설물이 존치하는 동안에 실시된 모든 이력정보를 등록하도록 하고 있으며, 이를 토대로 국가시설 안전정책 마련에 초석으로서의 큰 역할을 담당하고 있다.

2 대상시설물

교량, 터널, 항만, 댐, 건축물, 하천, 상하수도, 옹벽 및 절토사면 등 공중의 이용편의와 안전을 도모하기 위하여 특별히 관리할 필요가 있거나 구조상 유지관리에 고도의 기술이 필요한 시설물을 1종 및 2종 시설물로 구분하여 FMS로 관리하고 있다.

3 운영내용

① 시설물의 안전 및 유지관리계획

② 안전진단전문기관의 등록 및 등록사항 변경신고, 휴업재개업신고, 등록취소, 영업취소, 등록말소, 시정명령, 과태료 부과사항

③ 안전점검정밀안전진단 및 유지관리

④ 시설물의 사용제한 등에 관한 사항

⑤ 보수·보강 등 조치결과의 통보 내용

⑥ 시설물 준공 또는 사용승인 통보내용

⑦ 유지관리업자의 영업정지, 등록말소, 시정명령 또는 과태료 부과사항

⑧ 감리보고서, 시설물관리대장 및 설계도서 등의 관련서류

⑨ 기타 시설물 안전 및 유지관리와 관련되며, 시설물 정보로 관리할 필요가 있다고 정한 사항

4 **운영현황**

시설물의 안전 및 유지관리에 관련된 정보체계의 구축을 위하여 시설물의 기본정보, 준공도서류, 감리보고서, 안전점검종합보고서, 정밀점검 및 정밀안전진단보고서, 보수·보강 등 유지관리와 관련된 이력정보, 안전진단전문기관·유지관리업자의 정보 등을 관리하기 위하여 웹(인터넷)을 통하여 온라인으로 등록 관리하고 있다.

5 **시설물정보관리종합시스템의 활용**

① 시설물정보를 생산하는 자는 시설물정보관리종합시스템을 이용해 보고, 통보, 제출

② 국토교통부장관은 시설물 정보의 신뢰성과 객관성을 위해 시설물 정보에 관한 확인 및 점검 실시

③ 관리주체가 FMS를 통해 안전 및 유지관리계획을 제출한 경우 시장, 군수, 구청장이 시도지사에게 제출현황을 보고하고, 중앙행정기관의 장 또는 시도지사는 국토교통부장관에게 안전 및 유지관리계획 현황을 제출한 것으로 간주한다.

④ 기타 자료의 입력기준, 승인절차, 보관방법 및 정보공개 등 FMS의 관리운영에 관한 사항은 국토교통부장관이 고시한다.

PART

06 안전심리 · 안전관리

ACTUAL
INTERVIEW

[1] 동기부여 이론

Maslow (욕구의 5단계)	Alderfer (ERG 이론)	McGregor (X, Y 이론)	Herzberg (위생-동기 이론)
• 1단계 : 생리적 욕구(Physical Needs), 일당 · 기본급 등의 기본욕구 • 2단계 : 안전욕구(Safety Needs), 생활 패턴의 안전과 정규직 등을 추구하는 욕구	생존(Existence) 욕구	X 이론	위생 요인
• 3단계 : 사회적 욕구(Relations Needs), 원만한 대인관계를 추구하는 욕구	관계 (Relatedness) 욕구		
• 4단계 : 인정받으려는 욕구(Esteem Needs), 스스로 인정받으려 추구하는 욕구 • 5단계 : 자아실현의 욕구(Self Actuali-zation Needs), 자아실현 추구 단계 욕구	성장(Growth) 욕구	Y 이론	동기 요인

[2] RMR

1 RMR 산정식

$$RMR = \frac{작업대사량}{기초대사량} = \frac{작업\ 시\ 산소소모량 - 안정\ 시\ 산소소모량}{기초대사량}$$

2 RMR과 작업강도

RMR	작업강도	해당 작업
0~1	초경작업	서류 찾기, 느린 속도 보행
1~2	경작업	데이터 입력, 신호수의 신호작업
2~4	보통작업	장비운전, 콘크리트 다짐작업
4~7	중작업	철골 볼트 조임, 주름관 사용 콘크리트 타설작업
7 이상	초중작업	해머 사용 해체작업, 거푸집 인력 운반작업

3 점검 주체

① 관리 주체

② 안전진단전문기관

③ 유지관리업자(전문건설업자)

[3] 밀폐공간보건작업 프로그램

1 주요 내용

(1) 밀폐공간에 근로자를 종사시킬 경우 사업주는 밀폐공간보건작업 프로그램을 수립 · 시행하여야 함

   ※ 밀폐공간보건작업 프로그램에는 다음의 내용이 포함되어야 함

   ① 사업장 내 밀폐공간의 위치 확인

   ② 밀폐공간 내 질식 · 중독 등을 일으킬 수 있는 유해 · 위험요인의 확인

   ③ 근로자의 밀폐공간 작업에 대한 사업주의 사전 허가 절차

   ④ 산소 · 유해가스농도의 측정 · 평가 및 그 결과에 따른 환기 등 후속조치 방법

   ⑤ 송기마스크 또는 공기호흡기의 착용과 관리

   ⑥ 비상연락망, 사고 발생 시 응급조치 및 구조체계 구축

   ⑦ 안전보건교육 및 훈련

   ⑧ 그 밖에 밀폐공간 작업근로자의 건강장해 예방에 관한 사항

(2) 사전 허가절차를 수립하는 경우 포함사항

   ① 작업정보(작업일시 및 기간, 작업 장소, 작업 내용 등)

   ② 작업자 정보(관리감독자, 근로자, 감시인)

   ③ 산소농도 등의 측정결과 및 그 결과에 따른 환기 등 후속조치 사항

   ④ 작업 중 불활성가스 또는 유해가스의 누출 · 유입 · 발생 가능성 검토 및 조치사항

   ⑤ 작업 시 착용하여야 할 보호구

   ⑥ 비상연락체계

(3) 밀폐공간 작업허가 등

   ① 사업주는 근로자가 밀폐공간에서 작업을 하는 경우 사전에 허가절차를 수립하는 경우 포함사항을 확인하고, 근로자의 밀폐공간 작업에 대한 사업주의 사전허가 절차에 따라 작업하도록 하여야 한다.

   ② 사업주는 해당 작업이 종료될 때까지 ①에 따른 확인 내용을 작업장 출입구에 게시하여야 한다.

(4) 출입의 금지

사업주는 사업장 내 밀폐공간을 사전에 파악하고, 밀폐공간에는 관계 근로자가 아닌 사람의 출입을 금지하고, 출입금지 표지를 보기 쉬운 장소에 게시하여야 한다.

(5) 사고 시의 대피 등

사업주는 근로자가 밀폐공간에서 작업을 하는 때에 산소결핍이 우려되거나 유해가스 등의 농도가 높아서 질식·화재·폭발 등의 우려가 있는 경우에 즉시 작업을 중단시키고 해당 근로자를 대피하도록 하여야 한다.

(6) 대피용 기구의 비치

사업주는 근로자가 밀폐공간에서 작업을 하는 경우 비상시에 근로자를 피난시키거나 구출하기 위하여 공기호흡기 또는 송기마스크, 사다리 및 섬유로프 등 필요한 기구를 갖추어 두어야 한다.

(7) 구출 시 공기호흡기 또는 송기마스크 등의 사용

사업주는 밀폐공간에서 위급한 근로자를 구출하는 작업을 하는 경우에 그 구출작업에 종사하는 근로자에게 공기호흡기 또는 송기마스크를 지급하여 착용하도록 하여야 한다.

(8) 긴급상황에 대처할 수 있도록 종사근로자에 대하여 응급조치 등을 6월에 1회 이상 주기적으로 훈련시키고 그 결과를 기록·보존하여야 함

※ 긴급구조훈련 내용 : 비상연락체계 운영, 구조용 장비의 사용, 공기호흡기 또는 송기마스크의 착용, 응급처치 등

(9) 작업시작 전 근로자에게 안전한 작업방법 등을 알려야 함

※ 알려야 할 사항 : 산소 및 유해가스농도 측정에 관한 사항, 사고 시의 응급조치 요령, 환기설비 등 안전한 작업방법에 관한 사항, 보호구 착용 및 사용방법에 관한 사항, 구조용 장비사용 등 비상시 구출에 관한 사항

(10) 근로자가 밀폐공간에 종사하는 경우 사전에 관리감독자, 안전관리자 등 해당자로 하여금 산소농도 등을 측정하고 적정한 공기 기준과 적합 여부를 평가하도록 함

※ 산소농도 등을 측정할 수 있는 자 : 관리감독자, 안전·보건관리자, 안전관리대행기관, 지정측정기관

② 밀폐공간의 적정 공기수준

산소	CO_2	가연성 Gas(메탄 등)	H_2S(관리대상)	CO
18~23.5%	1.5% 미만	10% 미만	10ppm 미만	30ppm 미만

[4] 연쇄성 이론

■ 하인리히(H. W. Heinrich)와 버드(F. E. Bird)의 Domino 이론 비교

단계	하인리히	버드
1	유전적 요인 및 사회적 환경	제어의 부족(안전관리 부족)
2	개인적 결함(인적 결함)	기본원인(인적 · 작업상 원인)
3	불안전 상태 및 불안전 행동	직접원인(불안전한 상태 · 행동)
4	사고	사고
5	재해	재해
재해예방	직접원인 제거 시 재해예방	기본원인 제거 시 재해예방

[하인리히와 버드의 이론 비교]

구분	하인리히	버드
재해발생비	1 : 29 : 300 [중상해 : 경상해 : 무상해 사고]	1 : 10 : 30 : 600 [중상 : 상해 : 물적만의 사고 : 무상해사고]
도미노 이론	재해발생 5단계 1. 선천적 결함 2. 개인적 결함 3. 직접원인(인적＋물적 원인) 4. 사고　　　　　5. 상해	재해발생 5단계 1. 제어의 부족　　2. 기본원인 3. 직접원인　　　4. 사고 5. 상해
직접원인 비율	불안전한 행동 : 불안전한 상태 ＝88% : 12%	
재해손실 비용	1 : 4(직접비 : 간접비)	1 : 5(직접비 : 간접비)
재해예방의 5단계	1. 조직　　　　　2. 사실의 발견 3. 분석평가　　　4. 대책의 선정 5. 대책의 적용	
재해예방의 4원칙	1. 손실우연의 원칙 2. 원인계기의 원칙 3. 예방가능의 원칙 4. 대책선정(강구)의 원칙	

② 하인리히와 버드의 재해발생비율 비교

〈 하인리히의 재해발생 비율 〉

〈 버드의 재해발생 비율 〉

[5] 최하사점

1 최하사점의 공식

$$H > h = \text{로프길이}(l) + \text{로프의 신장 길이}(l \cdot \alpha) + \text{작업자 키의 } \frac{1}{2}(T/2)$$

여기서, h : 추락 시 로프지지 위치에서 신체 최하사점까지의 거리(최하사점)

H : 로프지지 위치에서 바닥면까지의 거리

2 Rope 거리(길이)에 따른 결과

① $H > h$: 안전

② $H = h$: 위험

③ $H < h$: 중상 또는 사망

3 그네식 안전대 착용 시의 추락거리

$$RD = LL + DD + HH + C$$

여기서, LL : 죔줄의 길이

DD : 충격흡수장치의 감속거리(1m)

HH : D링에서 작업자 발까지의 거리(약 1.5m)

C : 추락 저지 시 바닥까지의 여유공간(75cm, 여유거리 45cm
와 부착된 부재의 늘어나는 길이 30cm 정도)

07 토공사 안전대책

ACTUAL
INTERVIEW

[1] 인력굴착 안전대책

1 준비

(1) 공사 전 준비로서 다음 사항을 준수하여야 한다.

① 작업계획, 작업내용을 충분히 검토하고 이해하여야 한다.

② 공사물량 및 공기에 따른 근로자의 소요인원을 계획하여야 한다.

③ 굴착예정지의 주변 상황을 조사하여 조사결과 작업에 지장을 주는 장애물이 있는 경우 이설, 제거, 거치보전 계획을 수립하여야 한다.

④ 시가지 등에서 공중재해에 대한 위험이 수반될 경우 예방대책을 수립하여야 하며, 가스관, 상하수도관, 지하케이블 등의 지하매설물에 대한 방호조치를 하여야 한다.

⑤ 작업에 필요한 기기, 공구 및 자재의 수량을 검토, 준비하고 반입방법에 대하여 계획하여야 한다.

⑥ 예정된 굴착방법에 적절한 토사 반출방법을 계획하여야 한다.

⑦ 관련 작업(굴착기계 · 운반기계 등의 운전자, 흙막이공, 혈틀공, 철근공, 배관공 등)의 책임자 상호간의 긴밀한 협조와 연락을 충분히 하여야 하며 수기 신호, 무선 통신, 유선통신 등의 신호체제를 확립한 후 작업을 진행시켜야 한다.

⑧ 지하수 유입에 대한 대책을 수립하여야 한다.

(2) 일일 준비로서 다음 사항을 준수하여야 한다.

① 작업 전에 반드시 작업장소의 불안전한 상태 유무를 점검하고 미비점이 있을 경우 즉시 조치하여야 한다.

② 근로자를 적절히 배치하여야 한다.

③ 사용하는 기기, 공구 등을 근로자에게 확인시켜야 한다.

④ 근로자의 안전모 착용 및 복장상태, 또 추락의 위험이 있는 고소작업자는 안전대를 착용하고 있는가 등을 확인하여야 한다.

⑤ 근로자에게 당일의 작업량, 작업방법을 설명하고, 작업의 단계별 순서와 안전상의 문제점에 대하여 교육하여야 한다.

⑥ 작업장소에 관계자 이외의 자가 출입하지 않도록 하고, 또 위험장소에는 근로자가 접근하지 않도록 출입금지 조치를 하여야 한다.

⑦ 굴착된 흙이 차량으로 운반될 경우 통로를 확보하고 굴착자와 차량 운전자가 상호 연락할 수 있도록 하되, 그 신호는 고용노동부장관이 고시한 크레인작업표준신호 지침에서 정하는 바에 의한다.

❷ 작업

굴착작업 시 다음 사항을 준수하여야 한다.

① 안전담당자의 지휘하에 작업하여야 한다.

② 지반의 종류에 따라서 정해진 굴착면의 높이와 기울기로 진행시켜야 한다.

③ 굴착면 및 흙막이지보공의 상태를 주의하여 작업을 진행시켜야 한다.

④ 굴착면 및 굴착심도 기준을 준수하여 작업 중 붕괴를 예방하여야 한다.

⑤ 굴착토사나 자재 등을 경사면 및 토류벽 천단부 주변에 쌓아 두어서는 안 된다.

⑥ 매설물, 장애물 등에 항상 주의하고 대책을 강구한 후에 작업을 하여야 한다.

⑦ 용수 등의 유입수가 있는 경우 반드시 배수시설을 한 뒤에 작업을 하여야 한다.

⑧ 수중펌프나 벨트콘베이어 등 전동기기를 사용할 경우는 누전차단기를 설치하고 작동 여부를 확인하여야 한다.

⑨ 산소 결핍의 우려가 있는 작업장은 안전보건규칙 제618조부터 645조까지의 규정을 준수하여야 한다.

⑩ 도시가스 누출, 메탄가스 등의 발생이 우려되는 경우에는 화기를 사용하여서는 안 된다. 또한 이들 유해 가스에 대해서는 제9항을 참고한다.

[2] 절토작업 안전대책

(1) 상부에서 붕락 위험이 있는 장소에서의 작업은 금하여야 한다.

(2) 상·하부 동시작업은 금지하여야 하나 부득이한 경우 다음 조치를 실시한 후 작업하여야 한다.
　① 견고한 낙하물 방호시설 설치
　② 부석 제거
　③ 작업장소에 불필요한 기계 등의 방치 금지
　④ 신호수 및 담당자 배치

(3) 굴착면이 높은 경우는 계단식으로 굴착하고 소단의 폭은 수평거리 2미터 정도로 하여야 한다.

(4) 사면경사 1 : 1 이하이며 굴착면이 2미터 이상일 경우는 안전대 등을 착용하고 작업해야 하며 부석이나 붕괴하기 쉬운 지반은 적절한 보강을 하여야 한다.

(5) 급경사에는 사다리 등을 설치하여 통로로 사용하여야 하며 도괴하지 않도록 상·하부를 지지물로 고정시키며 장기간 공사 시에는 비계 등을 설치하여야 한다.

(6) 용수가 발생하면 즉시 작업 책임자에게 보고하고 배수 및 작업방법에 대해서 지시를 받아야 한다.

(7) 우천 또는 해빙으로 토사붕괴가 우려되는 경우에는 작업전 점검을 실시하여야 하며, 특히 굴착면 천단부 주변에는 중량물의 방치를 금하며 대형 건설기계 통과 시에는 적절한 조치를 확인하여야 한다.

(8) 절토면을 장기간 방치할 경우는 경사면을 가마니 쌓기, 비닐덮기 등 적절한 보호 조치를 하여야 한다.

(9) 발파암반을 장기간 방치할 경우는 낙석방지용 방호망을 부착, 몰타르를 주입, 그라우팅, 록볼트 설치 등의 방호시설을 하여야 한다.

(10) 암반이 아닌 경우는 경사면에 도수로, 산마루측구 등 배수시설을 설치하여야 하며, 제3자가 근처를 통행할 가능성이 있는 경우는 안전시설과 안전표지판을 설치하여야 한다.

(11) 벨트콘베이어를 사용할 경우는 경사를 완만하게 하여 안정된 상태를 유지하도록 하여야 하며, 콘베이어 양단면에 스크린 등의 설치로 토사의 전락을 방지하여야 한다.

[3] 트렌치굴착 안전대책

⑴ 통행자가 많은 장소에서 굴착하는 경우 굴착장소에 방호울 등을 사용하여 접근을 금지시키고, 안전 표지판을 식별이 용이한 장소에 설치하여야 한다.

⑵ 야간에는 작업장에 충분한 조명시설을 하여야 하며 가시설물은 형광벨트의 설치, 경광등 등을 설치하여야 한다.

⑶ 굴착 시는 원칙적으로 흙막이 지보공을 설치하여야 한다.

⑷ 흙막이 지보공을 설치하지 않는 경우 굴착깊이는 1.5미터 이하로 하여야 한다.

⑸ 수분을 많이 포함한 지반의 경우나 뒤채움 지반인 경우 또는 차량이 통행하여 붕괴하기 쉬운 경우에는 반드시 흙막이 지보공을 설치하여야 한다.

⑹ 굴착폭은 작업 및 대피가 용이하도록 충분한 넓이를 확보하여야 하며, 굴착깊이가 2미터 이상일 경우에는 1미터 이상의 폭으로 한다.

⑺ 흙막이널판만을 사용할 경우는 널판길이의 1/3 이상의 근입장을 확보하여야 한다.

⑻ 용수가 있는 경우는 펌프로 배수하여야 하며, 흙막이 지보공을 설치하여야 한다.

⑼ 굴착면 천단부에는 굴착토사와 자재 등의 적재를 금하며 굴착깊이 이상 떨어진 장소에 적재토록 하고, 건설기계가 통행할 가능성이 있는 장소에는 별도의 장비 통로를 설치하여야 한다.

⑽ 브레이커 등을 이용하여 파쇄하거나 견고한 지반을 분쇄할 경우에는 진동을 방지할 수 있는 장갑을 착용하도록 하여야 한다.

⑾ 콤프레샤는 작업이나 통행에 지장이 없는 장소에 설치하여야 한다.

⑿ 벨트콘베이어를 이용하여 굴착토를 반출할 경우는 다음 사항을 준수하여야 한다.

① 기울기가 완만하도록(표준 30도 이하)하고 안정성이 있으며 비탈면이 붕괴되지 않도록 설치하며 가대 등을 이용하여 가능한 한 굴착면에 가깝도록 설치하며 작업 장소에 따라 조금씩 이동한다.

② 벨트콘베이어를 이동할 경우는 작업책임자를 선임하고 지시에 따라 이동해야 하며 전원스위치, 내연기관 등은 반드시 단락 조치 후 이동한다.

③ 회전부분에 말려들지 않도록 방호조치를 하여야 하며, 비상정지장치가 있어야 한다.

④ 큰 옥석 등의 석괴는 적재시키지 않아야 하며 부득이할 경우는 운반 중 낙석, 전락방지를 위한 콘베이어 양단부에 스크린 등의 방호조치를 하여야 한다.

⒀ 가스관, 상·하수도관, 케이블 등의 지하매설물이 반결되면 공사를 중지하고 작업책임자의 지시에 따라 방호조치 후 굴착을 실시하며, 매설물을 손상시켜서는 안 된다.

⒁ 바닥면의 굴착심도를 확인하면서 작업한다.

⒂ 굴착깊이가 1.5미터 이상인 경우는 사다리, 계단 등 승강설비를 설치하여야 한다.

⒃ 굴착된 도량 내에서 휴식을 취하여서는 안 된다.

⒄ 매설물을 설치하고 뒤채움을 할 경우에는 30센티미터 이내마다 충분히 다지고 필요시 물다짐 등 시방을 준수하여야 한다.

⒅ 작업도중 굴착된 상태로 작업을 종료할 경우는 방호울, 위험 표지판을 설치하여 제3자의 출입을 금지시켜야 한다.

[4] 기초굴착 안전대책

(1) 사면굴착 및 수직면 굴착 등 오픈컷트 공법에 있어 흙막이벽 또는 지보공 안전담당자를 필히 선임하여 구조, 특징 및 작업순서를 충분히 숙지한 후 순서에 의해 작업하여야 한다.

(2) 버팀재를 설치하는 구조의 흙막이지보공에서는 스트러트, 띠장, 사보강재 등을 설치하고 하부작업을 하여야 한다.

(3) 기계굴착과 병행하여 인력 굴착작업을 수행할 경우는 작업분담구역을 정하고 기계의 작업반경 내에 근로자가 들어가지 않도록 해야 하며, 담당자 또는 기계 신호수를 배치하여야 한다.

(4) 버팀재, 사보강재 위로 통행을 해서는 안 되며, 부득이 통행할 경우에는 폭 40센티미터 이상의 안전통로를 설치하고 통로에는 표준안전난간을 설치하고 안전대를 사용하여야 한다.

(5) 스트러트 위에는 중량물을 놓아서는 안 되며, 부득이한 경우는 지보공으로 충분히 보강하여야 한다.

(6) 배수펌프 등은 용수 시 항상 사용할 수 있도록 정비하여 두고 이상 용출수가 발생할 경우 작업을 중단하고 즉시 작업책임자의 지시를 받는다.

(7) 지표수 등이 유입하지 않도록 차수시설을 하고 경사면에 추락이나 낙하물에 대한 방호조치를 하여야 한다.

(8) 작업 중에는 흙막이지보공의 시방을 준수하고 스트러트 또는 흙막이벽의 이상 상태에 주의하며 이상토압이 발생하여 지보공 또는 벽에 변형이 발생되면 즉시 작업책임자에게 보고하고 지시를 받아야 한다.

(9) 점토질 및 사질토의 경우에는 히빙 및 보일링 현상에 대비하여 사전조치를 하여야 한다.

[5] 기계굴착 안전대책

1 준비

기계에 의한 굴착작업 시에는 다음 사항을 준수하여야 한다.

(1) 공사의 규모, 주변환경, 토질, 공사기간 등의 조건을 고려한 적절한 기계를 선정하여야 한다.

(2) 작업 전에 기계의 정비상태를 정비기록표 등에 의해 확인하고 다음 사항을 점검하여야 한다.

   ① 낙석, 낙하물 등의 위험이 예상되는 작업 시 견고한 헤드가아드 설치상태

   ② 브레이크 및 클러치의 작동상태

   ③ 타이어 및 궤도차륜 상태

   ④ 경보장치 작동상태

   ⑤ 부속장치의 상태

(3) 정비상태가 불량한 기계는 투입해서는 안 된다.

(4) 장비의 진입로와 작업장에서의 주행로를 확보하고, 다짐도, 노폭, 경사도 등의 상태를 점검하여야 한다.

(5) 굴착된 토사의 운반통로, 노면의 상태, 노폭, 기울기, 회전반경 및 교차점, 장비의 운행 시 근로자의 비상대피처 등에 대해서 조사하여 대책을 강구하여야 한다.

(6) 인력굴착과 기계굴착을 병행할 경우 각각의 작업 범위와 작업추진 방향을 명확히 하고 기계의 작업반경 내에 근로자가 출입하지 않도록 방호설비를 하거나 감시인을 배치한다.

(7) 발파, 붕괴 시 대피장소가 확보되어야 한다.

(8) 장비 연료 및 정비용 기구 공구 등의 보관장소가 적절한지를 확인하여야 한다.

(9) 운전자가 자격을 갖추었는지를 확인하여야 한다.

(10) 굴착된 토사를 덤프트럭 등을 이용하여 운반할 경우는 유도자와 교통정리원을 배치하여야 한다.

2 작업

기계굴착 작업 시에는 다음 사항을 준수하여야 한다.

(1) 운전자의 건강상태를 확인하고 과로시키지 않아야 한다.

(2) 운전자 및 근로자는 안전모를 착용시켜야 한다.

(3) 운전자외에는 승차를 금지시켜야 한다.

(4) 운전석 승강장치를 부착하여 사용하여야 한다.

(5) 운전을 시작하기 전에 제동장치 및 클러치 등의 작동유무를 반드시 확인하여야 한다.

(6) 통행인이나 근로자에게 위험이 미칠우려가 있는 경우는 유도자의 신호에 의해서 운전하여야 한다.

(7) 규정된 속도를 지켜 운전해야 한다.

(8) 정격용량을 초과하는 가동은 금지하여야 하며 연약지반의 노견, 경사면 등의 작업에서는 담당자를 배치하여야 한다.

(9) 기계의 주행로는 충분한 폭을 확보해야 하며 노면의 다짐도가 충분하게 하고 배수조치를 하며 기존도로를 이용할 경우 청소에 유의하고 필요한 장소에 담당자를 배치한다.

(10) 시가지 등 인구 밀집지역에서는 매설물 등을 확인하기 위하여 줄파기 등 인력굴착을 선행한 후 기계굴착을 실시하여야 한다. 또한 매설물이 손상을 입는 경우는 즉시 작업 책임자에게 보고하고 지시를 받아야 한다.

(11) 갱이나 지하실 등 환기가 잘 안 되는 장소에서는 환기가 충분히 되도록 조치하여야 한다.

(12) 전선이나 구조물 등에 인접하여 부음을 선회해야 될 작업에는 사전에 회전반경, 높이 제한 등 방호조치를 강구하고 유도자의 신호에 의하여 작업을 하여야 한다.

(13) 비탈면 천단부 주변에는 굴착된 흙이나 재료 등을 적재해서는 안 된다.

(14) 위험장소에는 장비 및 근로자, 통행인이 접근하지 못하도록 표지판을 설치하거나 감시인을 배치하여야 한다.

(15) 장비를 차량으로 운반해야 될 경우에는 전용 트레일러를 사용하여야 하며, 널빤지로 된 발판 등을 이용하여 적재할 경우에는 장비가 전도되지 않도록 안전한 기울기, 폭 및 두께를 확보해야 하며 발판 위에서 방향을 바꾸어서는 안 된다.

(16) 작업의 종료나 중단 시에는 장비를 평탄한 장소에 두고 바켓 등을 지면에 내려 놓아야 하며 부득이한 경우에는 바퀴에 고임목 등으로 받쳐 전락 및 구동을 방지하여야 한다.

(17) 장비는 당해 작업목적 이외에는 사용하여서는 안 된다.

(18) 장비에 이상이 발견되면 즉시 수리하고 부속장치를 교환하거나 수리할 때에는 안전담당자가 점검하여야 한다.

(19) 부착물을 들어 올리고 작업할 경우에는 안전지주, 안전블록 등을 사용하여야 한다.

(20) 작업종료 시에는 장비관리 책임자가 열쇠를 보관하여야 한다.

⑵낙석 등의 위험이 있는 장소에서 작업할 경우는 장비에 헤드가아드 등 견고한 방호장치를 설치하여야 하며 전조등, 경보장치 등이 부착되지 않은 기계를 운전시켜서는 안된다.

⑵ 흙막이지보공을 설치할 경우는 지보공부재의 설치순서에 맞도록 굴착을 진행시켜야한다.

⑵ 조립된 부재에 장비의 버켓 등이 닿지 않도록 신호자의 신호에 의해 운전하여야 한다.

⑵ 상ㆍ하 작업을 동시에 할 경우 다음에 유의하여야 한다.

① 상부로부터의 낙하물 방호설비를 한다.

② 굴착면 등에 있는 부석 등을 완전히 제거한 후 작업을 한다.

③ 사용하지 않는 기계, 재료, 공구 등을 작업장소에 방치하지 않는다.

④ 작업은 책임자의 감독하에 진행한다.

[6] 발파굴착 안전대책

1 준비 및 발파

발파작업 시에는 다음 사항을 준수하여야 한다.

(1) 발파작업에 대한 천공, 장전, 결선, 점화, 불발 잔약의 처리 등은 선임된 발파책임자가 하여야 한다.

(2) 발파 면허를 소지한 발파책임자의 작업지휘하에 발파작업을 하여야 한다.

(3) 발파 시에는 반드시 발파시방에 의한 장약량, 천공장, 천공구경, 천공각도, 화약 종류, 발파방식을 준수하여야 한다.

(4) 암질변화 구간의 발파는 반드시 시험발파를 선행하여 실시하고 암질에 따른 발파시방을 작성하여야 하며 진동치, 속도, 폭력 등 발파 영향력을 검토하여야 한다.

(5) 암질변화 구간 및 이상암질의 출현 시 반드시 암질판별을 실시하여야 하며, 암질판별은 다음을 기준으로 하여야 한다.
   ① R.Q.D(%)
   ② 탄성파속도(m/sec)
   ③ R.M.R
   ④ 일축압축강도(kg/cm^2)
   ⑤ 진동치 속도(cm/sec=Kine)

(6) 발파시방을 변경하는 경우 반드시 시험발파를 실시하여야 하며 진동파속도, 폭력, 폭속 등의 조건에 의해 적정한 발파시방이어야 한다.

(7) 주변 구조물 및 인가 등 피해대상물이 인접한 위치의 발파는 진동치 속도가 0.5(cm/sec)을 초과하지 아니하여야 한다.

(8) 터널의 경우(NATM 기준) 계측관리 사항 기준은 다음 사항을 적용하며 지속적 관찰에 의한 보강대책을 강구하여야 한다. 또한 이상 변위가 나타나면 즉시 작업중단 및 장비, 인력대피 조치를 하여야 한다.
   ① 내공변위 측정
   ② 천단침하 측정
   ③ 지중, 지표침하 측정
   ④ 록볼트 축력 측정
   ⑤ 숏크리트 응력 측정

(9) 화약 양도양수 허가증을 정기적으로 확인하여 사용기간, 사용량 등을 확인하여야 한다.

(10) 작업책임자는 발파작업 지휘자와 발파시간, 대피장소, 경로, 방호의 방법에 대하여 충분히 협의하여 작업자의 안전을 도모하여야 한다.

(11) 낙반, 부석의 제거가 불가능할 경우 부분 재발파, 록볼트, 포아포울링 등의 붕괴방지를 실시하여야 한다.

(12) 발파작업을 할 경우는 적절한 경보 및 근로자와 제3자의 대피 등의 조치를 취한 후에 실시하여야 하며, 발파 후에는 불발잔약의 확인과 진동에 의한 2차 붕괴 여부를 확인하고 낙반, 부석처리를 완료한 후 작업을 재개하여야 한다.

② 화약류의 운반

화약류의 운반에는 다음 사항을 준수하여야 한다.

(1) 화약류는 반드시 화약류 취급책임자로부터 수령하여야 한다.

(2) 화약류의 운반은 반드시 운반대나 상자를 이용하며 소분하여 운반하여야 한다.

(3) 용기에 화약류와 뇌관을 함께 운반하지 않는다.

(4) 화약류, 뇌관 등은 충격을 주지 않도록 신중하게 취급하고 화기에 가까이 해서는 안 된다.

(5) 발파 후 굴착작업을 할 때는 불발잔약의 유무를 반드시 확인하고 작업한다.

(6) 전석의 유무를 조사하고 소정의 높이와 기울기를 유지하고 굴착작업을 한다.

[7] 옹벽시공 시 안전대책

옹벽을 축조 시에는 불안전한 급경사가 되게 하거나 좁은 장소에서 작업을 할 때에는 위험을 수반하게 되므로 다음 사항을 준수하여야 한다.

(1) 수평방향의 연속시공을 금하며, 브럭으로 나누어 단위시공 단면적을 최소화하여 분단시공을 한다.

(2) 하나의 구간을 굴착하면 방치하지 말고 즉시 버팀 콘크리트를 타설하고 기초 및 본체구조물 축조를 마무리한다.

(3) 절취경사면에 전석, 낙석의 우려가 있고 혹은 장기간 방치할 경우에는 숏크리트, 록볼트, 넷트, 캔버스 및 모르터 등으로 방호한다.

(4) 작업위치의 좌우에 만일의 경우에 대비한 대피통로를 확보하여 둔다.

[8] 깊은 굴착작업 안전대책

1 착공 전 조사

깊은 굴착작업 시에는 착공 전 다음에서 정하는 적합한 조사를 하여야 한다.

(1) 지질의 상태에 대해 충분히 검토하고 작업책임자와 굴착공법 및 안전조치에 대하여 정밀한 계획을 수립하여야 한다.

(2) 지질조사 자료는 정밀하게 분석되어야 하며, 지하수위, 토사 및 암반의 심도 및 층두께, 성질 등이 명확하게 표시되어야 한다.

(3) 착공지점의 매설물 여부를 확인하고 매설물이 있는 경우 이설 및 거치보전 등 계획 변경을 한다.

(4) 지하수위가 높은 경우 차수벽 설치계획을 수립하여야 하며, 차수벽 또는 지중 연속벽 등의 설치는 토압계산에 의하여 실시되어야 한다.

(5) 토사반출 목적으로 복공구조의 시설을 필요로 할 경우에는 반드시 적재하중 조건을 고려하여 구조계산에 의한 지보공 설치를 하여야 한다.

(6) 깊이 10.5m 이상의 굴착의 경우 다음 계측기기의 설치에 의하여 흙막이 구조의 안전을 예측하여야 하며, 설치가 불가능할 경우 트랜싯 및 레벨 측량기에 의해 수직·수평 변위 측정을 실시하여야 한다.

① 수위계

② 경사계

③ 하중 및 침하계

④ 응력계

(7) 계측기기 판독 및 측량 결과 수직, 수평 변위량이 허용범위를 초과할 경우, 즉시 작업을 중단하고, 장비 및 자재의 이동, 배면토압의 경감조치, 가설 지보공구조의 보완 등 긴급조치를 취하여야 한다.

(8) 히빙 및 보일링에 대한 긴급대책을 사전에 강구하여야 하며, 흙막이지보공 하단부 굴착시 이상 유무를 정밀하게 관측하여야 한다.

(9) 깊은 굴착의 경우 경질암반에 대한 발파는 반드시 시험발파에 의한 발파시방을 준수하여야 하며 엄지말뚝, 중간말뚝, 흙막이지보공 벽체의 진동영향력이 최소가 되게 하여야 한다. 경우에 따라 무진동 파쇄방식의 계획을 수립하여 진동을 억제하여야 한다.

(10) 배수계획을 수립하고 배수능력에 의한 배수장비와 배수경로를 설정하여야 한다.

② 지시확인 등

깊은 굴착작업 시에는 다음 사항을 준수하여야 한다.

(1) 신호수를 정하고 표준신호방법에 의해 신호하여야 한다.

(2) 작업조는 가능한 한 숙련자로 하고, 반드시 작업 책임자를 배치하여야 한다.

(3) 작업 전 점검은 책임자가 하고 확인한 결과를 기록하여야 한다.

(4) 산소결핍의 위험이 있는 경우는 안전담당자를 배치하고 산소농도 측정 및 기록을 하게 한다. 또 메탄가스가 발생할 우려가 있는 경우는 가스측정기에 의한 농도기록을 하여야 한다.

(5) 작업장소의 조명 및 위험개소의 유ㆍ무 등에 대하여 확인하여야 한다.

③ 설비의 조립

토사반출용 고정식 크레인 및 호이스트 등을 조립하여 사용할 경우에는 다음 사항을 준수하여야 한다.

(1) 토사단위 운반용량에 기준한 버켓이어야 하며, 기계의 제원은 안전율을 고려한 것이어야 한다.

(2) 기초를 튼튼히 하고 각부는 파일에 고정하여야 한다.

(3) 원치는 이동, 침하하지 않도록 설치하여야 하고 와이어로우프는 설비 등에 접촉하여 마모하지 않도록 주의하여야 한다.

(4) 잔토반출용 개구부에는 견고한 철책, 난간 등을 설치하고 안전표지판을 설치하여야 한다.

(5) 개구부는 버켓의 출입에 지장이 없는 가능한 한 작은 것으로 하고 또 버켓의 경로는 철근 등을 이용 가이드를 설치하여야 한다.

④ 굴착작업

굴착작업 시에는 다음 사항을 준수하여야 한다.

(1) 굴착은 계획된 순서에 의해 작업을 실시하여야 한다.

(2) 작업 전에 산소농도를 측정하고 산소량은 18퍼센트 이상이어야 하며, 발파 후 반드시 환기설비를 작동시켜 가스배출을 한 후 작업을 하여야 한다.

(3) 연결고리구조의 쉬이트파일 또는 라이너플레이트를 설치한 경우 틈새가 생기지 않도록 정확히 하여야 한다.

(4) 쉬이트파일의 설치시 수직도는 1/100 이내이어야 한다.

(5) 쉬이트파일의 설치는 양단의 요철부분을 반드시 겹치고 소정의 핀으로 지반에 고정하여야 한다.

(6) 링은 쉬이트파일에 소정의 볼트를 긴결하여 확실하게 설치하여야 한다.

(7) 토압이 커서 링이 변형될 우려가 있는 경우 스트러트 등으로 보강하여야 한다.

(8) 라이너플레이트의 이음에는 상·하교합이 되도록 하여야 한다.

(9) 굴착 및 링의 설치와 동시에 철사다리를 설치·연장하여야 한다. 철사다리는 굴착 바닥면과 1미터 이내가 되게 하고 버켓의 경로, 전선, 닥트 등이 배치하지 않는 곳에 설치하여야 한다.

(10) 용수가 발생한 때에는 신속하게 배수하여야 한다.

(11) 수중펌프에는 감전방지용 누전차단기를 설치하여야 한다.

5 자재의 반입 및 굴착토사의 처리

자재의 반입 및 굴착토사의 처리 시에는 다음 사항을 준수하여야 한다.

(1) 버켓은 후크에 정확히 걸고 상·하작업 시 이탈되지 않도록 하여야 한다.

(2) 버켓에 부착된 토사는 반드시 제거하고 상·하작업을 하여야 한다.

(3) 자재, 기구의 반입, 반출에는 낙하하지 않도록 확실하게 매달고 후크에는 해지 장치 등을 이용하여 이탈을 방지하여야 한다.

(4) 아크용접을 할 경우 반드시 자동전격방지장치와 누전차단기를 설치하고 접지를 하여야 한다.

(5) 인양물의 하부에는 출입하지 않아야 한다.

(6) 개구부에서 인양물을 확인할 경우 근로자는 반드시 안전대 등을 이용하여야 한다.

PART

08 추락재해
방지대책

ACTUAL
INTERVIEW

[1] 안전난간

1 설치기준

① 상부난간대, 중간난간대, 발끝막이판 및 난간기둥으로 구성할 것. 다만, 중간 난간대, 발끝막이판 및 난간기둥은 이와 비슷한 구조와 성능을 가진 것으로 대체할 수 있다.

② 상부난간대는 바닥면, 발판, 경사로의 표면으로 부터 90cm 이상 120cm 이하로 설치하며, 중간대는 바닥면과 상부난간대의 중간에 설치한다.

③ 상부난간대를 120cm 이상 설치 시 중간난간은 2단 이상 균등 설치하고, 상·하 간격은 60cm 이하가 되도록 한다.

④ 발끝막이판은 바닥면으로부터 10cm 이상의 높이를 유지한다(단, 수직보호망을 설치하는 경우는 제외).

⑤ 난간대는 지름 2.7cm 이상의 금속제 파이프나 그 이상의 강도를 가진 재료를 사용한다.

⑥ 안전난간은 100kgf 이상의 하중에 견딜 수 있는 튼튼한 구조로 한다.

[2] 작업발판 및 계단

1 설치기준

① 작업발판의 폭은 40cm 이상으로 한다.

② 발판 간의 틈은 3cm 이하, 비계파이프와 발판 간의 틈은 10cm 이하로 한다.

③ 작업발판은 뒤집히거나 떨어지지 않도록 2개소 이상 고정한다.

④ 경사도가 30도 이상, 60도 미만인 경우 가설계단을 설치한다.

⑤ 계단은 1단의 높이가 22cm 정도로 일정한 단 높이를 유지하고, 발디딤판의 폭은
25~30cm를 표준으로 하여 설치한다.

⑥ 가설계단의 폭은 1m 이상으로 한다.

⑦ 계단 및 계단참의 강도는 500kgf/m² 이상(안전율 4 이상)으로 한다.

⑧ 높이가 3m를 초과하는 계단은 높이 3m 이내마다 너비 1.2m 이상의 계단참을
설치한다.

⑨ 경사로의 높이가 1m를 초과할 경우 추락방지용 안전난간을 설치한다.

[3] 가설경사로

1 설치기준

① 비탈면 경사각은 30도 이하로 하고, 15도 초과 시 등간격으로 미끄럼막이를 설치한다.
② 폭은 최소 90cm 이상, 높이 7m 이내마다 계단참을 설치한다.
③ 통로 양측에 90~120cm의 상부난간대 및 45~60cm의 중간난간대를 설치한다.
④ 발판은 폭 40cm 이상, 틈은 3cm 이하로 설치한다.
⑤ 지지기둥은 수평거리 3m 이내마다 설치한다.
⑥ 목재는 미송, 육송 또는 동등 이상의 재질을 확보해야 한다.

2 설치방법

(1) 미끄럼막이 설치간격

경사각	간격	경사각	간격
30도	30cm	22도	40cm
29도	33cm	19도 20분	43cm
27도	35cm	17도	45cm
24도 15분	37cm	14도	47cm

(2) 미끄럼막이 설치각도

[4] 사다리

1 설치기준

① 사다리는 통로용으로만 사용한다.

② 사다리의 폭은 30cm 이상으로 하고, 상부에 100cm 이상의 여장 길이를 둔다.

③ 디딤판의 간격은 25~30cm 일정한 간격으로 설치한다.

④ 사다리를 설치할 바닥은 평평한 곳에 설치하며 바닥이 고르지 않을 경우 보조기구를 사용한다.

⑤ 이동식 사다리의 기울기는 75도 이하로 한다.

⑥ 이동식 사다리의 길이는 6m를 초과하지 않는다.

⑦ 고정식 사다리의 길이가 10m 이상인 때에는 5m 이내마다 계단참을 설치한다.

⑧ 고정식 사다리의 기울기는 90도 이하로 하고, 높이 7m 이상인 경우 바닥으로부터 높이가 2.5m 되는 지점부터 등받이를 설치한다. 단, 등받이를 설치가 불가능할 경우 추락방지대(완강기 또는 로립 등)를 설치할 수 있다.

[5] 말비계

1 설치기준

① 지주부재의 하단에서는 미끄럼방지장치를 하고, 근로자가 양측 끝부분에 올라서서
작업하지 않도록 한다.

② 지주 부재와 수평면의 기울기는 75도 이하로 하고, 지주부재와 지주부재 사이를
고정시키는 보조부재를 설치한다.

③ 높이가 2m를 초과하는 경우에는 작업발판의 폭을 40cm 이상으로 한다.

④ 재질은 알루미늄 또는 철재의 기성품(공장 제작품)을 사용하고, 현장 목재 제작품
발판 사용을 금지한다.

[6] 이동식 비계

1 설치기준

① 작업발판은 수평을 유지하고 작업발판 위에서 안전난간을 딛고 작업을 하거나 추가
작업대 사용을 금지한다.

② 작업발판의 최대적재하중은 250kg을 초과하지 않도록 한다.

③ 승강설비는 통로폭 30cm 이상, 발디딤판 간격 40cm 이상, 발판 틈새는 3cm 이하로
유지한다.

④ 안전난간은 상부난간대 90∼120cm, 중간대 45∼60cm로서 기성품만 사용한다.

⑤ 사용허가 표지판은 확인 후 부착한다(확인자 및 최대적재하중 표기).

⑥ 바퀴는 브레이크 · 쐐기 등로 고정시키고 아웃트리거를 설치한다.

⑦ 수직방망 또는 높이 10cm 이상의 발끝막이판을 설치한다.

⑧ 설치 높이는 밑변 최소폭의 4배 이내로 한다.

[7] 강관비계

1 설치기준

① 기둥 간격은 띠장방향 1.85m, 장선방향 1.5m 이하로 한다.

② 비계기둥의 제일 윗부분으로부터 31m 되는 지점 밑부분의 비계기둥은 2개의 강관으로 묶어 세워야 한다.

③ 띠장 간격은 2m 이하로 한다.

④ 비계 기둥 간 적재하중은 400kg 이하로 한다.

⑤ 작업발판은 밀실 설치, 고정 철저하고 발판단부 외측·내측·끝에는 추락방지와 낙하물 방지 조치를 한다.

⑥ 수직이동 통로는 수평방향 30m 이내마다 1개소를 설치한다.

⑦ 벽이음은 비계기둥 하부로부터 수직·수평방향 5m 이내마다 전용철물을 사용하여 설치한다.

⑧ 기둥간격 10m 이내마다 45도 각도로 교차하도록 가새를 설치한다.

⑨ 비계기둥에는 미끄러지거나 침하하는 것을 방지하기 위하여 밑받침철물 또는 깔판, 깔목을 설치하고 밑둥잡이를 설치한다.

[8] 간이 달비계

1 설치기준

① 관리감독자의 관리감독 아래 작업한다.

② 승강하는 경우 비계의 수평을 유지하고 허용하중 이상의 근로자 탑승을 금지한다.

③ 고정점은 22kN(5,000파운드)의 외력에 견딜 수 있는 앵커 또는 구조물에 달기로프와 수직구명줄을 설치한다(달기로프와 수직구명줄을 고정하기 위한 고정점은 별개의 것으로 함).

④ 달기로프는 바닥에 1~2m 정도 여유가 남을 정도의 길이를 사용한다.

⑤ 수직구명줄에 추락방지대(코브라)를 설치하여 안전대를 착용하고, 달기로프는 풀리지 않는 방법으로 결속한다.

⑥ 두 고정점은 가능한 한 작업선상의 2지점이어야 한다.

⑦ 구조물 모서리 등에 마찰·쓸림 저감용 완충재를 설치한다.

[9] 낙하물 방지망

1 설치기준

① 안전망 설치 간격은 높이 10m 이내마다 1단을 설치한다.

② 수직보호망을 완벽하게 설치하여 낙하물이 떨어질 우려가 없는 경우는 첫 단을 제외한 방지망의 설치 생략이 가능하다.

③ 방호선반은 바닥면에서 높이 8m 이내에 1단을 설치한다.

④ 망의 겹침 폭은 30cm 이상으로 하고 방망과 방망 사이에 빈틈이 없도록 한다.

⑤ 지지점의 강도는 100kgf 이상으로 한다.

⑥ 내민길이는 벽면 또는 비계 외측으로부터 2m 이상 되도록 설치한다.

⑦ 설치 각도는 20~30도로 한다.

[10] 거푸집동바리

☑ 설치기준

① 구조검토 실시 및 견고한 구조의 조립도를 작성 · 검토하고 조립에 따라 조립한다.

② 안전인증품 또는 재사용가설재 성능검정품에 스티커를 부착하여 사용한다.

③ 동바리의 높이가 3.5m 초과 시 높이 2m 이내마다 수평연결재를 양방향으로 직교되도록 하여 전용철물로 고정한다.

④ 높이 4.2m 이상 시 재사용 가설재 등 성능검정이 인정되지 않은 동바리의 사용을 금지하며, 시스템 동바리 등 안전성이 확보된 동바리를 사용한다.

⑤ 경사지 동바리 설치 시 높이와 관계없이 반드시 수평연결재를 설치한다.

09 건설기계 안전대책

ACTUAL
INTERVIEW

[1] 굴착기

1 설치기준

① 버켓에 이탈방지 안전핀을 설치하고 하부 출입을 금지한다.

② 훅 해지장치를 하고, 슬링 안전율을 5 이상 확보하며, 한줄걸이를 금지한다.

③ 경고등, 경고음 작동 및 후방감시 카메라 확인 후 이동한다.

④ 유도자를 배치하고 회전 반경 내에 근로자가 접근하거나 작업하지 않도록 관리한다.

⑤ 운전자가 운전석 이탈 시 시동키(key)를 분리하고 운전자 외 근로자 탑승을 금지한다.

⑥ 장비 주차 시 버켓은 지면에 내려놓는다.

[2] 이동식 크레인

1 설치기준

① 이동식 크레인은 중량물을 매달아 상하 및 좌우(수평선회를 말한다)로 운반하는 용도
이외의 사용을 금한다.

② 유도자(신호수)를 배치하고 신호에 따라 작업한다.

③ 승차석 이외의 위치에 근로자를 탑승시키지 않는다.

④ 운전원의 자격, 검사증, 보험가입을 확인하고 숙련 정도를 확인한다.

⑤ 작업구역 내에 출입금지 구역을 지정하여 작업 관계자 외 출입을 금지시킨다.

⑥ 운전원 · 작업 책임자 및 근로자를 대상으로 특별 안전교육을 실시한다.

⑦ 이동식 크레인 조립 및 해체 시에는 제작사의 매뉴얼 등의 작업방법과 기준을 준수한다.

2 작업방법

〈작업구획 및 신호수 배치〉

〈아웃트리거 확장 설치 및 지반침하 방지〉

〈샤클 고정 및 유도로프〉

〈낙하방지 줄걸이 철저〉

[3] 지게차

1 설치기준

① 백레스트를 설치하여 후방으로 적재물의 낙하를 방지한다.

② 헤드가드(강도는 지게차의 최대하중의 2배 이상)를 설치한다.

③ 작업등, 방향 지시등, 와이퍼 등은 정상작동 되며 브레이크 및 제동상태는 양호하도록 한다.

④ 운전원은 유자격자로서 좌석 안전벨트와 안전모를 착용한다.

⑤ FORK(지게발) 승강용 체인 및 포크 고정핀의 상태가 적합하도록 한다.

⑥ 포크 위에 사람을 태워서 올리거나 내리지 않는다.

⑦ 허용하중을 초과하여 화물을 적재하는 것을 금지한다.

⑧ 포크에 와이어 등을 걸어서 짐을 매달지 않는다.

⑨ 운전자가 지게차에서 이탈 시에는 포크를 가장 낮은 위치에 두고 시동을 끄고 시동열쇠를 분리한다.

〈지게차 구조〉

〈후방카메라 모니터〉　　　〈경광등〉　　　　〈안전벨트〉　　　　〈헤드가드〉

[4] 고소작업대

1 설치기준

① 작업대에 발끝막이판을 설치하고 작업구간 주변에 접근금지 조치를 한다.
② 장비 사용 전 안전장치를 확인하고 실명제 표지를 부착하며, 허가된 자만이 운행할 수 있도록 관리한다
③ 전도방지장치의 부착상태를 확인한다.
④ 작업대 상부 45cm 이상 높이에 2개 이상의 과상승방지장치를 설치한다.
⑤ 비상정지장치 부착 및 작동상태를 확인한다.
⑥ 상승된 상태에서 이동이 되지 않도록 리미트 스위치를 설치한다.
⑦ 화기 작업 시 작업대 외부에 불꽃비산방지시설 및 소화기를 비치한다.
⑧ 조작스위치는 풋 스위치와 손조작을 동시에 해야 작동되는 방식을 사용하며, 조작반의 각부 스위치는 육안으로 확인할 수 있도록 명칭 및 방향표식을 부착한다.
⑨ 바퀴(타이어)의 노후, 훼손 및 변형된 것은 사용을 금지한다.
⑩ '09.7.1 이후 출고된 장비에 한하여 안전인증에 합격된 장비만 사용한다.

2 설치방법

〈시저형 고소작업대〉

〈접은 후 이동〉

〈안전수칙 표지〉

〈비산정지장치〉

〈안전장치 부착〉

[5] 차량탑재형 고소작업대

1 설치기준

① 작업계획서를 작성하고 근로자에게 주지시킨다.
② 작업대는 추락에 대비하여 안전난간을 설치하고 탑승하는 인원과 자재는 정격하중을 초과하지 않도록 한다.
③ 별도의 안전대 부착설비를 설치하고 사용한다.
④ 확장형 작업발판 사용 시 고정상태를 확인한다.
⑤ 전로 접근 작업 시 감시자 배치 및 전선방호조치를 실시한다.
⑥ 아웃트리거는 최대한 인출하고, 연약지반 시 보강하거나 깔판을 사용하여 지반의 침하를 방지하고, 타이어가 지면에서 뜨도록 한다.
⑦ 작업구역 내 근로자 출입금지 조치를 한다.
⑧ '09.7.1 이후 출고된 장비에 한하여 안전인증에 합격된 장비만 사용한다.

2 설치방법

〈차량탑재형 고소작업대〉

〈안전인증합격필증〉

〈작업대안전난간대〉

〈적재하중 표시〉

〈과부하방지장치〉

[6] 곤돌라

1 설치기준

① 조립 · 해체 시 작업지휘자를 배치하고 관리 · 감독한다.

② 강풍(10m/sec 이상) 등의 악천후 시에는 작업을 중지한다.

③ 작업구역 내에 관계자 외 출입을 금지한다.

④ 운반구 안에서 말비계, 사다리 등을 사용하지 않는다.

⑤ 공구 및 자재의 낙하방지 조치를 하고 높이 10cm 이상의 발끝막이판을 설치한다.

⑥ 와이어로프 및 강선의 안전계수는 10 이상으로 한다.

⑦ 안전대를 착용하고 별도의 수직구명줄을 설치한다.

⑧ 안전장치(권과방지장치 · 과부하방지장치 · 비상정지장치)를 부착한다.

⑨ 곤돌라 상승 시 상부 지지대에서 50cm 하부지점에 정지시킨다.

⑩ 적재하중 표지를 부착하고 허용하중을 초과하지 않는다.

PART

10 거푸집공사
안전대책

ACTUAL
INTERVIEW

[1] 거푸집동바리 작용하중

거푸집 및 지보공(동바리)은 여러 가지 시공조건을 고려하고 다음 하중을 고려하여 설계하여야 한다.

① 연직방향 하중 : 거푸집, 지보공(동바리), 콘크리트, 철근, 작업원, 타설용 기계기구, 가설설비 등의 중량 및 충격하중

② 횡방향 하중 : 작업할 때의 진동, 충격, 시공오차 등에 기인되는 횡방향 하중 이외에 필요에 따라 풍압, 유수압, 지진 등

③ 콘크리트의 측압 : 굳지 않은 콘크리트의 측압

④ 특수하중 : 시공 중에 예상되는 특수한 하중

⑤ 상기의 하중에 안전율을 고려한 하중

[2] 거푸집동바리 재료

거푸집 및 지보공(동바리)에 사용할 재료는 강도, 강성, 내구성, 작업성, 타설콘크리트에 대한 영향력 및 경제성을 고려하여 선정하여야 하며, 다음 사항에 주의하여야 한다.

(1) 목재 거푸집의 사용은 다음 사항을 고려하여 선정하여야 한다.
① 흠집 및 옹이가 많은 거푸집과 합판의 접착부분이 떨어져 구조적으로 약한 것은 사용하여서는 아니 된다.
② 거푸집의 띠장은 부러지거나 균열이 있는 것을 사용하여서는 아니 된다.

(2) 강재 거푸집을 사용할 때에는 다음 사항을 고려하여 선정하여야 한다.
① 형상이 찌그러지거나, 비틀림 등 변형이 있는 것은 교정한 다음 사용하여야 한다.
② 강재 거푸집의 표면에 녹이 많이 나 있는 것은 쇠솔(Wire Brush) 또는 샌드 페이퍼 (Sand Paper) 등으로 닦아내고 박리제(Form pil)를 엷게 칠해 두어야 한다.

(3) 지보공(동바리)재는 다음 사항을 고려하여 선정하여야 한다.
① 현저한 손상, 변형, 부식이 있는 것과 옹이가 깊숙이 박혀 있는 것은 사용하지 말아야 한다.
② 각재 또는 강관 지주는 그림과 같이 양끝을 일직선으로 그은 선 안에 있어야 하고, 일직선 밖으로 굽어져 있는 것은 사용을 금하여야 한다.

중심축 ― ┌--┐ ― 중심축

〈지보공재로 사용되는 각재 또는 강관의 중심축 예〉

③ 강관지주(동바리), 보 등을 조합한 구조는 최대 허용하중을 초과하지 않는 범위에 서 사용하여야 한다.

(4) 연결재는 다음 사항을 선정하여야 한다.
① 정확하고 충분한 강도가 있는 것이어야 한다.
② 회수, 해체하기가 쉬운 것이어야 한다.
③ 조합 부품 수가 적은 것이어야 한다.

[3] 거푸집 조립

사업주는 거푸집 등을 조립할 때 다음 사항을 준수하여야 한다.

(1) 조립 등의 작업을 할 때에는 다음 사항을 준수하여야 한다.

① 거푸집지보공을 조립할 때에는 안전담당자를 배치하여야 한다.

② 거푸집의 운반, 설치 작업에 필요한 작업장 내의 통로 및 비계가 충분한가를 확인하여야 한다.

③ 재료, 기구, 공구를 올리거나 내릴 때에는 달줄, 달포대 등을 사용하여야 한다.

④ 강풍, 폭우, 폭설 등의 악천후에는 작업을 중지시켜야 한다.

⑤ 작업장 주위에는 작업원 이외의 통행을 제한하고 슬라브 거푸집을 조립할 때에는 많은 인원이 한곳에 집중되지 않도록 하여야 한다.

⑥ 사다리 또는 이동식 틀비계를 사용하여 작업할 때에는 항상 보조원을 대기시켜야 한다.

⑦ 거푸집을 현장에서 제작할 때는 별도의 작업장에서 제작하여야 한다.

(2) 강관지주(동바리) 조립 등의 작업을 할 때에는 다음 사항을 준수하여야 한다.

① 거푸집이 곡면일 경우에는 버팀대의 부착 등 당해 거푸집의 변형을 방지하기 위한 조치를 하여야 한다.

② 지주의 침하를 방지하고 각부가 활동하지 아니하도록 견고하게 하여야 한다.

③ 강재와 강재와의 접속부 및 교차부는 볼트, 클램프 등의 철물로 정확하게 연결하여야 한다.

④ 강관 지주는 3본 이상 이어서 사용하지 아니하여야 하며, 또 높이가 3.6미터 이상의 경우에는 높이 1.8미터 이내마다 수평 연결재를 2개 방향으로 설치하고 수평연결재의 변위가 일어나지 아니하도록 이음 부분은 견고하게 연결하여 좌굴을 방지하여야 한다.

⑤ 지보공 하부의 받침판 또는 받침목은 2단 이상 삽입하지 아니하도록 하고 작업인원의 보행에 지장이 없어야 하며, 이탈되지 않도록 고정시켜야 한다.

(3) 강관틀비계를 지보공(동바리)으로 사용할 때에는 교차가새를 설치하고 다음 사항을 준수하여야 한다.

① 강관틀비계를 지보공(동바리)으로 사용할 때에는 교차가새를 설치하고, 최상층

및 5층 이내마다 거푸집 지보공의 측면과 틀면방향 및 교차가새의 방향에서 5개틀 이내마다 수평연결재를 설치하고, 수평연결재의 변위를 방지하여야 한다.

② 강관틀비계를 지주(동바리)로 사용할 때에는 상단의 강재에 단판을 부착시켜 이것을 보 또는 작은 보에 고정시켜야 한다.

③ 높이가 4미터를 초과할 때에는 4미터 이내마다 수평연결재를 2개 방향으로 설치하고 수평방향의 변위를 방지하여야 한다.

(4) 목재를 지주(동바리)로 사용할 때에는 다음 사항을 준수하여야 한다.

① 높이 2미터 이내마다 수평연결재를 설치하고, 수평연결재의 변위를 방지하여야 한다.

② 목재를 이어서 사용할 때에는 2본 이상의 덧댐목을 사용하여 당해 상단을 보 또는 멍에에 고정시켜야 한다.

③ 철선 사용을 가급적 피하여야 한다.

[4] 거푸집동바리 안전점검

사업주는 거푸집 공사에 있어서 다음 사항을 반드시 점검하여야 한다.

(1) 거푸집을 점검할 때에는 다음 사항을 반드시 점검하여야 한다.

① 직접 거푸집을 제작, 조립한 책임자가 검사

② 기초 거푸집을 검사할 때에는 터파기 폭

③ 거푸집의 형상 및 위치 등 정확한 조립상태

④ 거푸집에 못이 돌출되어 있거나 날카로운 것이 돌출되어 있을 시에는 제거

(2) 지주(동바리)를 점검할 때에는 다음 사항을 반드시 점검하여야 한다.

① 지주를 지반에 설치할 때에는 받침철물 또는 받침목등을 설치하여 부동침하 방지 조치

② 강관지주(동바리) 사용 시 접속부 나사 등의 손상상태

③ 이동식 틀비계를 지보공(동바리) 대용으로 사용할 때에는 바퀴의 제동장치

(3) 콘크리트를 타설할 때에는 다음 사항을 반드시 점검하여야 한다.

① 콘크리트를 타설할 때 거푸집의 부상 및 이동방지 조치

② 건물의 보, 요철부분, 내민부분의 조립상태 및 콘크리트 타설 시 이탈방지장치

③ 청소구의 유무 확인 및 콘크리트 타설 시 청소구 폐쇄 조치

④ 거푸집의 흔들림을 방지하기 위한 턴 버클, 가새 등의 필요한 조치

[5] 거푸집동바리 해체 시 준수사항

사업주는 거푸집의 해체작업을 하여야 할 때에는 다음 사항을 준수하여야 한다.

(1) 거푸집 및 지보공(동바리)의 해체는 순서에 의하여 실시하여야 하며 안전담당자를
배치하여야 한다.

(2) 거푸집 및 지보공(동바리)은 콘크리트 자중 및 시공 중에 가해지는 기타 하중에 충분히
견딜 만한 강도를 가질 때까지는 해체하지 아니하여야 한다.

(3) 거푸집을 해체할 때에는 다음 사항을 유념하여 작업하여야 한다.

① 해체작업을 할 때에는 안전모 등 안전 보호장구를 착용토록 하여야 한다.

② 거푸집 해체작업장 주위에는 관계자를 제외하고는 출입을 금지시켜야 한다.

③ 상하 동시 작업은 원칙적으로 금지하여 부득이한 경우에는 긴밀히 연락을 위하며
작업을 하여야 한다.

④ 거푸집 해체 때 구조체에 무리한 충격이나 큰 힘에 의한 지렛대 사용은 금지하여야
한다.

⑤ 보 또는 스라브 거푸집을 제거할 때에는 거푸집의 낙하 충격으로 인한 작업원의
돌발적 재해를 방지하여야 한다.

⑥ 해체된 거푸집이나 각목 등에 박혀 있는 못 또는 날카로운 돌출물은 즉시 제거하여
야 한다.

⑦ 해체된 거푸집이나 각목은 재사용 가능한 것과 보수하여야 할 것을 선별, 분리하여
적치하고 정리정돈을 하여야 한다.

(4) 기타 제3자의 보호조치에 대하여도 완전한 조치를 강구하여야 한다.

PART

11

철근공사
안전대책

ACTUAL
INTERVIEW

[1] 가공작업

(1) 철근가공 작업장 주위는 작업책임자가 상주하여야 하고 정리정돈 되어 있어야 하며, 작업원 이외는 출입을 금지하여야 한다.

(2) 가공 작업자는 안전모 및 안전보호장구를 착용하여야 한다.

(3) 햄머 절단을 할 때에는 다음 사항에 유념하여 작업하여야 한다.

① 햄머자루는 금이 가거나 쪼개진 부분은 없는가 확인하고 사용 중 햄머가 빠지지 아니하도록 튼튼하게 조립되어야 한다.

② 햄머부분이 마모되어 있거나, 훼손되어 있는 것을 사용하여서는 아니 된다.

③ 무리한 자세로 절단을 하여서는 아니 된다.

④ 절단기의 절단 날은 마모되어 미끄러질 우려가 있는 것을 사용하여서는 아니 된다.

(4) 가스절단을 할 때에는 다음 사항에 유념하여 작업하여야 한다.

① 가스절단 및 용접자는 해당 자격 소지자라야 하며, 작업 중에는 보호구를 착용하여야 한다.

② 가스절단 작업 시 호스는 겹치거나 구부러지거나 또는 밟히지 않도록 하고 전선의 경우에는 피복이 손상되어 있는지를 확인하여야 한다.

③ 호스, 전선 등은 다른 작업장을 거치지 않는 직선상의 배선이어야 하며, 길이가 짧아야 한다.

④ 작업장에서 가연성 물질에 인접하여 용접작업할 때에는 소화기를 비치하여야 한다.

(5) 철근을 가공할 때에는 가공작업 고정틀에 정확한 접합을 확인하여야 하며 탄성에 의한 스프링 작용으로 발생되는 재해를 막아야 한다.

(6) 아아크(Arc) 용접 이음의 경우 배전판 또는 스위치는 용이하게 조작할 수 있는 곳에 설치하여야 하며, 접지상태를 항상 확인하여야 한다.

[2] 운반작업

(1) 인력으로 철근을 운반할 때에는 다음 준수하여야 한다.
   ① 1인당 무게는 25킬로그램 정도가 적절하며, 무리한 운반을 삼가하여야 한다.
   ② 2인 이상이 1조가 되어 어깨메기로 하여 운반하는 등 안전을 도모하여야 한다.
   ③ 긴 철근을 부득이 한 사람이 운반할 때에는 한쪽을 어깨에 메고 한쪽 끝을 끌면서 운반하여야 한다.
   ④ 운반할 때에는 양끝을 묶어 운반하여야 한다.
   ⑤ 내려 놓을 때는 천천히 내려놓고 던지지 않아야 한다.
   ⑥ 공동 작업을 할 때에는 신호에 따라 작업을 하여야 한다.

(2) 기계를 이용하여 철근을 운반할 때 다음 사항을 준수하여야 한다.
   ① 운반작업 시에는 작업 책임자를 배치하여 수신호 또는 표준신호 방법에 의하여 시행한다.
   ② 달아 올릴 때에는 로우프와 기구의 허용하중을 검토하여 과다하게 달아 올리지 않아야 한다.
   ③ 비계나 거푸집 등에 대량의 철근을 걸쳐 놓거나 얹어 놓아서는 안 된다.
   ④ 달아 올리는 부근에는 관계근로자 이외 사람의 출입을 금지시켜야 한다.
   ⑤ 권양기의 운전자는 현장책임자가 지정하는 자가 하여야 한다.

(3) 철근을 운반할 때 감전사고 등을 예방하기 위하여 다음 사항을 준수하여야 한다.
   ① 철근 운반작업을 하는 바닥 부근에는 전선이 배치되어 있지 않아야 한다.
   ② 철근 운반작업을 하는 주변의 전선은 사용철근의 최대길이 이상의 높이에 배선되어야 하며 이격거리는 최소한 2미터 이상이어야 한다.
   ③ 운반장비는 반드시 전선의 배선상태를 확인한 후 운행하여야 한다.

PART

12

콘크리트공사 안전대책

ACTUAL
INTERVIEW

[1] 타설작업

(1) 타설순서는 계획에 의하여 실시하여야 한다.

(2) 콘크리트를 치는 도중에는 거푸집, 지보공 등의 이상 유무를 확인하여야 하고, 담당자를 배치하여 이상이 발생한 때에는 신속한 처리를 하여야 한다.

(3) 타설속도는 건설부 제정 콘크리트 표준시방서에 의한다.

(4) 손수레를 이용하여 콘크리트를 운반할 때에는 다음 사항을 준수하여야 한다.

　① 손수레를 타설하는 위치까지 천천히 운반하여 거푸집에 충격을 주지 아니하도록 타설하여야 한다.

　② 손수레에 의하여 운반할 때에는 적당한 간격을 유지하여야 하고 뛰어서는 안 되며, 통로구분을 명확히 하여야 한다.

　③ 운반 통로에 방해가 되는 것은 즉시 제거하여야 한다.

(5) 기자재 설치, 사용을 할 때에는 다음 사항을 준수하여야 한다.

　① 콘크리트의 운반, 타설기계를 설치하여 작업할 때에는 성능을 확인하여야 한다.

　② 콘크리트의 운반, 타설기계는 사용 전, 사용 중, 사용 후 반드시 점검하여야 한다.

(6) 콘크리트를 한 곳에만 치우쳐서 타설할 경우 거푸집의 변형 및 탈락에 의한 붕괴사고가 발생되므로 타설순서를 준수하여야 한다.

(7) 전동기는 적절히 사용되어야 하며, 지나친 진동은 거푸집 도괴의 원인이 될 수 있으므로 각별히 주의하여야 한다.

[2] 펌프카

(1) 레디믹스트 콘크리트(이하 "레미콘"이라 함) 트럭과 펌프카를 적절히 유도하기 위하여 차량안내자를 배치하여야 한다.

(2) 펌프배관용 비계를 사전점검하고 이상이 있을 때에는 보강 후 작업하여야 한다.

(3) 펌프카의 배관상태를 확인하여야 하며, 레미콘트럭과 펌프카와 호스선단의 연결작업을 확인하여야 하며 장비사양의 적정호스 길이를 초과하여서는 아니 된다.

(4) 호스선단이 요동하지 아니하도록 확실히 붙잡고 타설하여야 한다.

(5) 공기압송 방법의 펌프카를 사용할 때에는 콘크리트가 비산하는 경우가 있으므로 주의하여 타설하여야 한다.

(6) 펌프카의 붐대를 조정할 때에는 주변 전선 등 지장물을 확인하고 이격 거리를 준수하여야 한다.

(7) 아웃트리거를 사용할 때 지반의 부동침하로 펌프카가 전도되지 아니하도록 하여야 한다.

(8) 펌프카의 전후에는 식별이 용이한 안전표지판을 설치하여야 한다.

[3] 해체작업 안전대책

1 해체의 범위

(1) 해체란 건축물을 건축 · 대수선 · 리모델링하거나 멸실시키기 위해 건축물 전체 또는 일부를 파괴하거나 절단하여 제거하는 것을 말한다.

(2) 멸실이란 건축물이 해체, 노후화 및 재해 등으로 효용 및 형체를 완전히 상실한 상태를 말한다.

2 건축물 해체신고 제외 대상

(1) 「건축법」 제2조 제1항 제7호에 따른 주요구조부의 해체를 수반하지 아니하고 건축물의 일부를 해체하는 경우

(2) 건축물 전체를 해체하는 경우

　① 연면적 500제곱미터 미만인 건축물

　② 건축물 높이 12미터 미만인 건축물

　③ 지상층과 지하층을 포함하여 3개 층 이하인 건축물

(3) 그 밖에 대통령령으로 정하는 건축물을 해체하는 경우

3 신고대상 건축물

(1) 「건축법 시행령」 제2조 제18호 나목 또는 다목에 따른 특수구조 건축물

(2) 건축물에 10톤 이상의 장비를 올려 해체하는 건축물

(3) 폭파하여 해체하는 건축물

4 해체신고 절차

5 해체계획서 검토

(1) **검토기관** : 국토안전관리원

(2) **검토기간** : 처리기한 7일(한 차례 연장 가능) 이내에 검토의견을 허가권자에게 제출

(3) **검토사항 및 체크리스트**

① 해체계획 항목에 대해 건축물관리법령, 고시, 관계법령 및 각종 국가설계기준 등에서 제시하고 있는 기준의 준수 여부

② 해체계획서에서 제시한 해체공사의 안전확보에 대한 적정성

③ 해체계획서 검토 체크리스트

　㉠ 일반사항

　　공사개요, 관리조직 및 예정공정

　㉡ 사전조사

　　• 건축물 주변조사 및 지하매설물 조사

　　• 지하건축물 조사

　　• 해체 대상건축물 조사

　　• 유해물질 및 환경공해 조사

ⓒ 건축설비의 이동, 철거 및 보호 등
- 지하매설물 조치계획
- 장비이동 계획
- 가시설물 설치계획

ⓔ 작업순서, 해체공법 및 구조안전계획
- 가작업순서 및 해체공법의 적정성
- 가구조안전계획
- 가구조보강계획
- 가안전점검표 유무

ⓜ 안전관리계획
- 가해체작업자 안전관리
- 가인접건축물 안전관리
- 가주변통행 · 보행자 안전관리

ⓗ 환경관리계획
- 가소음 · 진동 등의 관리
- 가해제물 처리계획

ⓢ 폭파에 의한 해체계획
해체계획 수립의 적정성 등

[4] 알칼리골재반응(AAR)

알칼리골재반응(ARR)은 골재 중의 실리카(Silica)·탄산염과 실리케이트 성분과 시멘트 중의 고알칼리 성분의 결합 반응에 의하여 콘크리트 내에 Gel이 생성되어 콘크리트에 균열을 발생시키는 현상이다.

1 문제점

① 강도 저하
② 철근 부식 및 균열 발생
③ 누수 발생
④ 내구성 저하

2 종류

① 알칼리실리카반응
② 알칼리탄산염반응
③ 알칼리실리케이트반응

3 원인

① 반응성 광물을 함유한 골재 사용
② 단위시멘트양의 과다
③ 해사에 부착된 염분
④ 비나 수분 영향을 받는 제치장 콘크리트

4 대책

① 플라이애시·고로슬래그 미분말, 실리카퓸 사용
② 저알칼리형 포틀랜드 시멘트 사용
③ 반응성 광물이 없는 골재 사용
④ 콘크리트에 염분침투방지
⑤ 콘크리트에 수분이나 습기 억제
⑥ 콘크리트 배합 시 단위시멘트양을 낮출 것

[5] 팝 아웃(Pop Out) 현상

팝 아웃(Pop Out)은 흡수율이 큰 골재를 사용할 경우 콘크리트 표층부에 함수율이 높은 골재가 동결하여 팽창함으로써, 그 팽창압에 의해 골재 주위의 바깥 부분 모르타르가 탈락되어 표면이 파이는 현상이다.

1 팝 아웃 발생원인

① 콘크리트가 수분을 흡수함
② 흡수율이 큰 골재가 수분을 흡수하여 포수상태가 됨
③ 수분동결 시 체적팽창에 의한 압력 발생
④ 표면부가 탈락하여 분화구 모양의 손상

2 대책

① 물시멘트비 60% 이하
② 단위수량 저감
③ 골재의 흡수율 관리
④ 콘크리트 표면에 과도한 다짐 금지
⑤ 콘크리트 타설 후 콘크리트 단열 및 가열양생

[6] 콘크리트의 폭열

폭열은 화재 시 콘크리트의 급격한 온도 상승으로 내부 수분이 팽창하면서 콘크리트가 폭발적으로 탈락 및 발락되는 현상이다.

1 온도상승에 따른 변화

(1) 105℃

모세관 공극에 들어 있는 자유수 상실

(2) 250~350℃

규산칼슘수화물 결합수의 약 20% 탈수

(3) 500~580℃

수산화칼슘 분해

($Ca(OH)_2 \rightarrow CaO + H_2O$)

(4) 750~825℃

탄산칼슘 분해

($CaCO_3 \rightarrow CaO + CO_2$)

2 폭열에 따른 열화현상

① 약 500℃에서 중성화 시작

② 콘크리트 탈수, 균열, 피복 콘크리트 들뜸, 탈락 발생

③ 콘크리트 탄성계수 감소로 슬래브, 보 처짐 증대

④ 재료의 열팽창계수 차이에 의한 2차 응력으로 균열 발생

⑤ 철근과 콘크리트 사이 부착강도 저하

3 대책

① 콘크리트 내부에 수증기압 발생방지

② 흡수율, 내화성이 높은 골재 사용

③ 콘크리트의 함수율 저하

④ 강재의 피복두께 증대

⑤ 콘크리트 표면의 보호

[7] 수팽창 지수재

수팽창 지수재는 물과 접촉할 경우 급속히 부풀어오르는 특수 고무 및 벤토나이트 제품을 사용하여 콘크리트의 콜드 조인트 및 누수를 방지하는 데 사용되는 재료이다.

1 특성

① 시공이 간편하다.
② 부피 팽창으로 불투수 미로를 형성한다.(400%)
③ 부재 자체의 복원력이 있어 구조물 변위에도 안전하다.
④ 철근 외부에 시공 시 철근의 부식 방지가 가능하다.

2 적용 위치

수팽창 지수재
시공이음

① 각종 지하 구조물의 시공 조인트
② 지하 부분의 조립식 및 패널 구조물
③ 콘크리트 양생 전에 기존의 지수판 설치가
   어려운 부분
④ 구조체 관통 부분의 슬리브 처리

3 시공방법

① 예상 설치 부위는 콘크리트 타설 시 흙손으로 매끈하게 다듬는다.
② 수팽창 지수재를 설치하며 이음부는 맞대어 시공한다.
③ 시공 후 피복 확보는 최소 5cm 이상이며, 철근 외측에 시공하면 부식이 방지된다.
④ 끊어짐이 없도록 완전히 연결하여 시공한다.

[8] 피로한도, 피로강도, 피로파괴

콘크리트 구조물에 하중이 계속적으로 반복하여 작용하게 되면 콘크리트가 피로하게 되어 피로한도에 도달하며, 이 한도를 초과할 시 구조물이 파괴된다.

1 피로한도(疲勞限度)

(1) 정의

반복되는 하중의 응력이 일정한 수준 이하일 때 구조물은 파괴되지 않으므로 이때의 하중을 피로한도라고 한다.

(2) 특징

① 피로한도보다 낮은 반복 하중은 10% 내외의 정적 강도를 증가시킨다.

② 피로한도보다 낮은 반복 하중은 피로강도를 개선시킨다.

③ 일반적으로 콘크리트 구조물에는 피로한도가 없다.

④ 피로한도 이상의 하중을 되풀이하면 구조물이 붕괴된다.

2 피로강도(疲勞强度)

(1) 정의

구조물이 무한 반복 하중에 대해 파괴되지 않는 강도의 최대치를 피로강도라고 한다.

(2) 특징

① 일반 콘크리트에서 10,000회의 반복하중에 견디는 한계이다.

② 피로강도는 하중의 반복 횟수, 응력 변동 범위에 의해 결정된다.

③ 반복 하중의 응력 진폭이 일정한 경우와 변화하는 경우에 따라 피로강도는 변한다.

④ 콘크리트는 건조 상태가 양호할수록 피로강도가 크다.

3 피로파괴(疲勞破壞)

(1) 정의

구조물에 하중이 반복적으로 작용하여 구조물에 피로가 적재되어 적정 파괴하중보다 작은 하중에도 구조물이 파괴될 때를 피로파괴라고 한다.

(2) 특징

① 콘크리트의 비탄성 변형률이 클수록 피로파괴에 유리하다.

② 횡방향의 압력이 작을수록 피로파괴에 유리하다.

③ 낮은 반복 하중은 콘크리트의 강도를 증가시킨다.

④ 피로파괴는 콘크리트의 재령 및 강도와는 관계가 없다.

4 피로 발생 요인

5 피로에 영향을 받는 구조물

① 공장의 크레인 거더

② 기계 기초

③ 해양 건축물

④ 도로 · 교량 · 송신탑

⑤ 고속철도 건축물

6 특성

① 비탄성변형률이 클수록 피로수명이 길어짐(반복하중의 지속 증가)

② 반복횟수가 증가하면 탄성변형률도 증가함(탄성계수 감소)

③ 피로한도보다 낮은 반복하중은 오히려 피로강도를 개선시킴

④ 피로한도보다 낮은 반복하중은 정적 강도도 5~15% 정도 증가시킴

⑤ 낮은 반복하중은 Con'c를 치밀하게 하고, 강도도 증가시킴

⑥ 횡방향 압력이 매우 크지만 않다면 오히려 피로수명이 증가함

⑦ Con'c의 건조상태가 좋을수록 피로강도가 우수함

⑧ 굵은골재 최대치수를 낮추면 Con'c의 균질성이 우수, 피로강도가 증가함

[9] 기둥부등축소

고층건물 시공 시 하중을 부담하는 기둥의 축방향 하중이 크고, 내외부 기둥의 하중차와 시공 시
발생되는 오차 등으로 인해 신축량의 차이가 발생함에 따라 마감재의 손상을 비롯해 설비배관재
손상, 구조물 내구성에 영향을 받으므로 설계 및 시공 시 철저한 관리가 요구된다.

❶ 기둥부등축소의 문제점

① 구조물의 이상변위(균열, Slab 경사)
② 마감재 손상(커튼월 접합부의 변형, 누수)
③ 설비배관, 덕트의 기능 이상

❷ 기둥부등축소의 대책

(1) 철골조
① 변위량의 사전예측에 의한 설계반영
② 시공 시 계측관리를 통한 변형량 추정
③ 소구간으로 나누어 변위량 등분조정
④ 철골공장과 연계관리로 수정 및 적용

(2) RC조
① 콘크리트의 밀실한 타설 및 처짐량 관리
② 계측기기 설치 및 측정
③ 수 개 층의 그룹화로 거푸집 높이 조정

(3) 기타 마감재
① 커튼월의 취부방식에 의한 Clearance 확보
② 설비배관, 덕트의 Swivel Joint 설치

[10] 스크린 현상

스크린 현상이란 철근과 거푸집의 간격에 재료유입이 되지 않아 발생되는 공동현상으로 철근노출 등이 발생되는 콘크리트 결함의 일종이다.

■ 스크린 현상의 문제점

① 철근의 노출
② 단면노출
③ 지내력 저하
④ 내구성 저하

■ 스크린 현상의 발생원인과 대책

발생원인	대책
• 피복두께 • 굵은골재 최대치수 • 기온상승 • 다짐부족 • 철근형상 • 피복두께	• 간격재의 적절한 사용 • 굵은골재 최대치수 3/4 이상 관리 • 서중콘크리트 타설 시 거푸집 냉각 • 다짐기준 준수 • 굽은철근의 사용 금지 • 피복두께기준 준수

■ 스크린 현상 보수방법

① 불량부위 제거 및 보수
② Mortar 등의 채움

[11] 하중에 의한 균열의 종류

균열은 크게 구조적 · 비구조적 균열로 구분되며, 장기하중, 반복하중, 시공하중, 지진하중 등으로 발생된다.

1 하중에 의한 균열의 종류

① 구조적 균열 : 사용하중 작용으로 발생되는 균열

② 비구조적 균열 : 안전상에는 이상 없으나 내구성 및 사용성이 저하되는 균열

2 장기하중 균열

① 내적 원인 : 내진설계 부족

② 외적 원인 : 장기하중의 발생

3 반복하중 균열

반복되는 피로에 의한 균열

4 시공 중 하중균열

펌프카, 차량 등의 이동에 따른 균열

5 하중에 의한 균열 발생 원인

① 재료 : 콘크리트 건조수축

② 시공 : 타설순서, 타설장비

③ 구조 : 내부철근의 부식

6 하중에 의한 균열에 대한 안전대책

① 품질시험 철저 : 강도 · 배근 · 중성화

② 안전점검 : 육안조사 및 비파괴검사 등

③ 안전대책 순서

안전점검결과의 분석 → 상태 평가 → 보고서 작성 → 보수 · 보강 실시

[12] 한중콘크리트

한중콘크리트는 일평균기온 4℃ 이하 시 타설되는 콘크리트를 말하며, 수화열 저감에 따른 콘크리트의 동상발생에 주의해야 한다.

1 한중콘크리트의 요구성능

① 강도
② 내구성
③ 시공성

2 시공관리 방안(요구성능 확보방안)

① 동결융해 방지
② W/C 60% 이하 배합
③ 흡수율 작은 골재 사용
④ 양생방법 주의

−3℃ 이하	−3℃ 이상
가열양생	보온양생

⑤ 적산온도 관리
⑥ 보온재 사용
⑦ 레미콘 운반시간 준수

25℃ 이상	25℃ 미만
1.5시간 이내	2시간 이내

3 한중콘크리트의 양생방법

① 버블시트 양생
② 가열양생
③ 공간양생(비닐천막에 의한 공간층 생성방법)

PART

13 철골/창호공사

ACTUAL
INTERVIEW

[1] 철골의 자립도를 위한 대상 건물

Professional Engineer Construction Safety

철골공사는 전체가 조립되고 모든 접합부에 시공이 완료된 후 구조체가 완성되는 것으로, 건립 중에 강풍이나 무게중심의 이탈 등으로 도괴될 뿐만 아니라 건립 완료 후에도 완전히 구조체가 완성되기 전에는 강풍에 의해 도괴될 위험이 있으므로 철골의 자립도에 대한 안전성 확인이 필요하다.

1 철골의 공사 전 검토사항

(1) 설계도 및 공작도의 확인 및 검토사항
  ① 확인사항
    ㉠ 접합부의 위치
    ㉡ 브래킷(Bracket)의 내민치수
    ㉢ 건물의 높이 등
  ② 검토사항
    ㉠ 철골의 건립 형식
    ㉡ 건립상의 문제점
    ㉢ 관련 가설설비 등
  ③ 기타
    ㉠ 현장용접의 유무(有無), 이음부의 시공난이도를 확인하여 작업방법 결정
    ㉡ SRC조의 경우 건립순서 등을 검토하여 철골계단을 안전작업에 이용

2 철골의 자립도를 위한 대상 건물

  ① 높이 20m 이상의 구조물
  ② 구조물의 폭과 높이의 비가 1 : 4 이상인 구조물
  ③ 단면구조에 현저한 차이가 있는 구조물
  ④ 연면적당 철골량이 50kg/m² 이하인 구조물
  ⑤ 기둥이 타이플레이트(Tie Plate)형인 구조물
  ⑥ 이음부가 현장용접인 구조물

[2] 철골의 공작도에 포함해야 할 사항

철골의 공작도(Shop Drawing)란 설계도서와 시방서를 근거로 해서 철골 부재의 가공 · 제작을 위해 그려지는 도면으로 가공도 또는 제작도로서 철골의 건립 후에 가설부재나 부품을 부착하는 것은 고소작업 등의 위험한 작업이 많으므로, 사전에 계획하여 위험한 작업을 공작도에 포함해야 한다.

1 철골공작도의 필요성

① 정밀시공 확보

② 재시공 방지

③ 도면의 이해 부족으로 인한 문제점 발생 예방

④ 안전사고 예방

2 철골공작도에 포함해야 할 사항

① 외부비계받이 및 화물 승강용 브래킷

② 기둥 승강용 트랩(Trap)

③ 구명줄 설치용 고리

④ 건립에 필요한 와이어(Wire) 걸이용 고리

⑤ 난간 설치용 부재

⑥ 기둥 및 보 중앙의 안전대 설치용 고리

⑦ 방망 설치용 부재

⑧ 비계 연결용 부재

⑨ 방호선반 설치용 부재

⑩ 양중기 설치용 보강재

[3] 철골의 세우기 순서

철골공사의 안정성은 계획 · 준비에 있으므로 사전에 충분한 검토가 필요하며, 고소작업에 따른 소음 · 진동에 대한 대책도 요구된다.

1 철골 세우기 순서

(1) 철골부재 반입

① 운반 중의 구부러짐, 비틀림 등을 수정하여 건립순서에 따라 정리

② 건립순서를 고려하여 시공순서가 빠른 부재는 상단부에 위치토록 함

(2) 기초 앵커 볼트(Anchor Bolt) 매립

① 기둥의 먹줄을 따라 주각부와 기둥 밑판의 연결을 위해 기초 앵커 볼트 매립

② 기초 앵커 볼트 매입공법의 종류

㉠ 고정매입공법

㉡ 가동매입공법

㉢ 나중매입공법

(3) 기초 상부 마무리

① 기둥 밑판(Base Plate)을 수평으로 밀착시키기 위하여 실시

② 기초상부 마무리공법의 종류

㉠ 고름 모르타르 공법

㉡ 부분 그라우팅 공법

㉢ 전면 그라우팅 공법

(4) 철골 세우기

① 기둥 세우기 → 철골보 조립 → 가새설치 순으로 조립

② 변형 바로잡기

트랜싯 · 다림추 등을 이용하여 수직 · 수평이 맞지 않거나 변형이 생긴 부분을 바로잡으며, 와이어 로프(Wire Rope) · 턴버클 · 윈치 등을 바로잡기 작업에 사용

③ 가조립

바로잡기 작업이 끝나면 가체결 볼트, 드리프트 핀(Drift Pin) 등으로 가조립하며, 본체결 볼트 수의 1/2~1/3 또는 2개 이상

⑸ 철골 접합

① 가조립된 부재를 리벳(Rivet), 볼트, 고력 볼트, 용접 등으로 접합

② 철골부재의 접합 시 고력 볼트(High Tension Bolt), 용접을 많이 사용

⑹ 검사

① 리벳, 볼트, 고력 볼트, 용접 등의 접합상태 검사

② 육안검사, 토크 관리법(Torque Control), 비파괴검사 등의 방법으로 검사

⑺ 녹막이 칠

① 철골 세우기 작업 시 손상된 곳, 남겨진 부분에 방청도장

② 공장제작 시 녹막이 칠과 동일한 방법으로 실시

⑻ 철골내화피복

① 철골을 화재열로부터 보호하고 일정시간 강재의 온도 상승을 막을 목적으로 실시

② 타설공법, 뿜칠공법, 성형판붙임공법, 멤브레인공법 등이 있음

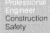

[4] 철골 건립용 기계의 종류

철골공사에서 건립용 기계는 매우 다양하게 사용되고 있으나 철골부재의 형상·부재당 중량·작업 반경 등에 따라 적절한 기계를 선정하여 작업능률 및 안전성을 확보하여야 한다.

① 건립용 기계의 종류

(1) 고정식 크레인

① 고정식(정치식) 타워크레인(Stationary Type Tower Crane)

㉠ 고정기초를 설치하고 그 위에 마스터와 크레인 본체를 설치하는 방식

㉡ 설치가 용이하고 작업범위가 넓으며 철골구조물 공사에 적합

② 이동식 타워크레인(Travelling Type Tower Crane)

㉠ 레일을 설치하여 타워크레인이 이동하면서 작업이 가능한 방식

㉡ 이동하면서 작업을 할 수 있으므로 작업반경을 최소화할 수 있음

(2) 이동식 크레인

① 트럭 크레인(Truck Crane)

㉠ 타이어 트럭 위에 크레인 본체를 설치한 크레인

㉡ 기동성이 우수하고, 안정을 확보하기 위한 아웃트리거 장치 설치

② 크롤러 크레인(Crawler Crane)

㉠ 무한궤도 위에 크레인 본체를 설치한 크레인

㉡ 안전성이 우수하고 연약지반에서의 주행성능이 좋으나 기동성 저조

③ 유압 크레인(Hydraulic Crane)

㉠ 유압식 조작방식으로 작업 안전성 우수

㉡ 이동속도가 빠르고, 안정을 확보하기 위한 아웃트리거 장치 설치

(3) 데릭(Derrick)

① 가이데릭(Guy Derrick)

㉠ 주기둥과 붐(Boom)으로 구성되어 지선으로 주기둥이 지탱되며 360° 회전 가능

㉡ 인양하중 능력이 크나, 타워크레인에 비하여 선회성·안전성이 떨어짐

② 삼각데릭(Stiff Leg Derrick)

㉠ 가이데릭과 비슷하나 주기둥을 지탱하는 지선 대신에 2본의 다리에 의해 고정

ⓒ 회전반경은 270°로 가이데릭과 성능이 비슷하며 높이가 낮은 건물에 유리

ⓒ 가이데릭은 수평방향이동이 곤란하나 삼각데릭은 롤러가 있어 수평이동이 용이

③ 진폴(Gin Pole)

㉠ 철파이프, 철골 등으로 기둥을 세우고 윈치를 이용하여 철골부재를 권상

ⓒ 경미한 철골건물에 사용

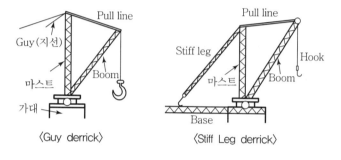

〈Guy derrick〉   〈Stiff Leg derrick〉

[5] 철골접합방법의 종류

철골부재의 접합이란 철골의 부재들을 연결하여 하중을 지지할 수 있는 구조체를 조립하는 작업을 말하며, 철골부재의 접합방법에는 리벳 접합·볼트 접합·고력 볼트 접합·용접접합이 있으며, 고력 볼트 접합이나 용접접합의 사용이 점차 증대되고 있다.

■ 접합방법의 종류

(1) 리벳(Rivet) 접합

① 접합 현장에서 리벳을 900~1,000℃ 정도로 가열하여 조 리베터(Jaw Riveter) 뉴매틱 리베터(Pneumatic Riveter) 등의 기계로 타격하여 접합시키는 방법

② 타격 시 소음, 화재의 위험, 시공효율 등이 다른 접합방법보다 낮아 거의 사용되지 않음

(2) 볼트(Bolt) 접합

① 전단·지압접합 등의 방식으로 접합하며 경미한 구조재나 가설건물에 사용

② 주요 구조재의 접합에는 사용되지 않음

(3) 고력 볼트(High Tension Bolt) 접합

① 탄소합금강 또는 특수강을 소재로 성형한 볼트에 열처리하여 만든 고력 볼트를 토크렌치(Torque Wrench)로 조여서 부재 간의 마찰력에 의하여 접합하는 방식

② 접합방식

㉠ 마찰접합 : 볼트의 조임력에 의해 생기는 부재면 마찰력으로 응력을 전달

㉡ 인장접합 : 볼트의 인장내력으로 응력을 전달

㉢ 지압접합 : 볼트의 전단력과 볼트구멍 지압내력에 의해 응력을 전달

(4) 용접(Welding) 접합

① 철골부재의 접합부를 열로 녹여 일체가 되도록 결합시키는 방법

② 강재의 절약, 건물경량화, 소음회피 등의 목적으로 철골공사에서 많이 사용

③ 용접의 이음형식

㉠ 맞댄용접(Butt Welding) : 모재의 마구리와 마구리를 맞대어 행하는 용접

㉡ 모살용접(Fillet Welding) : 목두께의 방향이 모재의 면과 45° 또는 거의 45° 각을 이루는 용접

[6] 엔드 탭(End Tab)

엔드 탭(End Tab)이란 블로 홀(Blow hole) · 크레이터(Crater) 등의 용접결함이 생기기 쉬운 용접 비드(Bead)의 시작과 끝 지점에 용접을 하기 위해 용접 접합하는 모재의 양단에 부착하는 보조강판을 말하며, 엔드 탭을 사용하면 용접 유효길이를 전부 인정받을 수 있으며, 용접이 완료되면 엔드 탭을 떼어낸다.

1 시공 상세도

2 엔드 탭의 기준

① 엔드 탭의 재질은 모재와 동일 종류의 철판을 사용한다.

② 엔드 탭에 사용되는 자재의 두께는 본 용접자재의 두께와 동일해야 한다.

③ 엔드 탭의 길이

용접방법	엔드 탭 길이
Arc 손용접	35mm 이상
반자동용접	40mm 이상
자동용접	70mm 이상

[7] 고력 볼트 조임검사방법

고력 볼트는 탄소합금강이나 특수강을 열처리해 제조한 볼트로 접합면에 생기는 마찰력에 의해
접합하는 방식으로 강성이 높고 작업이 용이한 장점이 있어 관리에 소홀할 수 있으므로 철저한 검사가
필요하다.

1 조임검사방법

(1) 외관검사

① 접합면의 틈새 여부
③ 나사산 3개
④ 재사용 볼트 여부
② 볼트의 길이 적정 여부

(2) 틈새처리

←끼움판 →

풍속(m/sec)	종 별
1mm 이하	처리 불필요
1mm 이상	끼움판 삽입

(3) 축력계, 토크렌치 등 기기의 정밀도 확인

(4) 마찰면의 처리상태 및 접합부 건조상태

(5) 접합면끼리 구멍의 오차 확인

(6) 접합면 녹 제거 및 표면 거칠기 확보

(7) 조임순서 준수

〈조임순서〉

[8] 리프트업(Lift Up) 공법의 특징

리프트업(Lift Up) 공법이란 구조체를 지상에서 조립하여 이동식 크레인·유압잭 등으로 들어올려서 건립하는 공법으로 지상에서 철골부재가 조립되므로 고소작업이 적어져 안전작업이 용이하나 리프트업하는 철골부재에 어느 정도의 강성이 없으면 채택하기가 곤란한 특징이 있다.

■ 리프트업 공법의 용도

① 체육관, 홀(Hall)
② 공장, 전시실
③ 정비고, 전파송수신용 탑, 교량 등

■ 리프트업 공법의 특징

(1) 장점

① 지상에서 조립하므로 고소작업이 적어 안전작업이 용이
② 작업능률이 좋으며, 전체 조립의 시공오차 수정이 용이
③ 가설비계 및 중장비의 절감으로 공사비 절감
④ 시공성 향상으로 동일한 조건하에서 공기단축이 가능

(2) 단점

① 리프트업하는 철골부재에 어느 정도의 강성이 없으면 채택 곤란
② 리프트업 종료까지 하부작업을 거의 하지 못함
③ 구조체를 리프트업할 때 집중적으로 인력이 필요
④ 리프트업에 사전준비와 숙련을 요함

[9] 앵커 볼트(Anchor Bolt) 매립 시 준수사항

앵커 볼트(Anchor Bolt)는 철골의 정밀도를 좌우하는 요소로 견고하게 고정시켜 이동·변형이 발생하지 않아야 하며, 주각부와 밑판(Base Plate)을 연결하는 부재로 인장력을 지지할 수 있어야 한다.

1 앵커 볼트 매립 시 준수사항

(1) 앵커 볼트는 매립 후에 수정하지 않도록 설치

(2) 앵커 볼트는 견고하게 고정시키고 이동·변형이 발생하지 않도록 주의하면서 콘크리트를 타설

(3) 앵커 볼트의 매립 정밀도 범위

① 기둥 중심은 기준선 및 인접기둥의 중심에서 5mm 이상 벗어나지 않을 것

② 인접기둥 간 중심거리 오차는 3mm 이하일 것

③ 앵커 볼트는 기둥 중심에서 2mm 이상 벗어나지 않을 것

④ 밑판(Base Plate)의 하단은 기준높이 및 인접기둥의 높이에서 3mm 이상 벗어나지 않을 것

[10] 고력 볼트 조임기준

고력 볼트 접합은 조임으로 생기는 인장력에 의한 마찰력으로 접합하며 1차 조임 시 목표의 70%, 2차 조임 시 목표값 조임의 방법으로 한다.

1 고력 볼트의 특징

① 접합부 강성이 크다.　　　　② 소음이 작다.

③ 피로강도가 높다.　　　　　　④ 방법이 간단하며, 공기가 단축된다.

2 고력 볼트의 조임순서

① 1차 조임 : 목표의 70%　　　② 2차 조임 : 목표값 조임

③ 조임순서 : 중앙에서 단부 쪽으로

3 조임방법

(1) 1차 조임 : 너트를 회전시켜 목표의 70%로 조임

볼트호칭	M12	M16	M20	M24	M27	M30
1차 조임 토크값	500	1,000	1,500	2,000	3,000	4,000

(2) 금 매김

(3) 본 조임

① 토크관리법 : 표준볼트 장력을 얻을 수 있도록 조임기 사용

② 너트회전법 : 1차 조임 완료 후 120±30

4 조임 후 검사법

구 분	토크관리법	너트회전법
육안검사	동시회전, 너트회전량, 여장	동시회전, 노트전장
합격판정	• 조인 너트 : 60도 • 재조임 시 토크값 : ±10%	1차 조임 후 너트회전량 : 120±30
볼트여장	돌출나사산 : 1~6개	돌출나사산 : 1~6개
추가 조임	토크값 초과 볼트	회전부족·과다 볼트 교체

[11] 연돌효과(Stack Effect)

연돌효과(Stack Effect)란 고층건물의 경우 맨 아래층에서 최상층으로 향하는 강한 기류의 형성을
말하는 것으로, 고층건물의 계단실이나 EV와 같은 수직공간 내의 온도와 건물 밖 온도의 압력차에
의해 공기가 상승하는 현상이다.

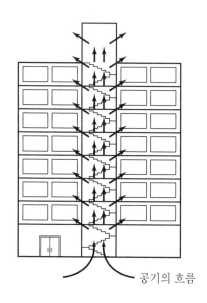

공기의 흐름

🔳 문제점

① 공기 유출입에 따른 건물 내 에너지 손실
② EV 문의 오작동 발생
③ 화재 시 1층에서 최상층으로 강한 통기력 발생

🔳 대책

① 공기통로의 미로화
② 수직통로에 공기 유출구 설치
③ 저층부에 방풍문 설치

[12] 전단연결재(Shear Connector)

전단연결재(Shear Connector)란 부재에 작용하는 전단응력에 대해 저항토록 하기 위해 설치한 연결
철물로 이질구조체 일체화, 접합부 강성확보, 전단응력 지지목적으로 활용된다.

1 Shear Connector 시공

(1) Con'c 구조

⟨옴니어링⟩   ⟨스파이럴형⟩   ⟨듀벨링⟩

(2) 철골구조

⟨스터드 볼트⟩   ⟨이형철근 구부리기⟩

(3) PC

⟨꺾쇠형⟩   ⟨앵커형⟩   ⟨집게형⟩

2 전단연결재 필요성

① 부재 간 일체화   ② 접합부 강성 확보 및 향상
③ 전단 저항   ④ 이질재 연결

[13] 강재의 비파괴검사 종류

비파괴검사(Nondistortion Test)는 강재 용접부의 분자구조에 대한 결합상태를 조사하는 것으로 방사
선투과법 · 초음파탐상법 · 자기분말탐상법 등이 활용된다.

1 비파괴검사(Nondistortion Test)

(1) 방사선투과검사(Radiographic Test)

① x선, γ선을 용접부에 투과하고 그 실태를 Film에 감광시켜 내부 결함을 조사하는
방법

② 판두께 100mm 이상도 가능하며 기록 보존이 가능함

③ Film을 부재 후면에 부착함으로 인하여 장소에 제한을 받음

④ 촬영 및 분석 시에 고도의 경험을 요함

⑤ 속도가 늦고 복잡한 부위의 검사가 어려움

(2) 초음파탐상법(Urtrasonic Test)

① 0.4~10MHz의 주파수를 가진 초음파를 용접부에 투입하고 반사파형으로 결함
여부 판별

② 필름이 필요 없고 검사 속도가 빠르며 경제적임

③ T형 접합 등 방사선투과검사 불가능 부위도 검사가 가능함

④ 검사원의 기량차에 따라 판단 결과가 상이함

⑤ 판 두께 6mm 미만에는 적용 곤란, 주로 9mm 이상의 경우에 적용

(3) 자기분말탐상법(Magenetic Flux Test)

① 강자성체의 자력선을 투과시켜 용접부의 결함을 조사하는 방법

② 자력선의 통로(분말의 정렬상태)에서 불량 부위 여부를 판별함

③ 표면에서 5~15mm 정도의 결함 검사에 용이함

(4) 침투탐상법(Penetrant Test)

① 용접 결함 예상부위에 침투액을 침투시켜 검사하는 방법

② 주로 Spray Type의 염료침투방법(Color Check)을 사용함

③ 검사가 간단하며 특별한 장치가 필요 없음

④ 표면에 보이는 결함 외에는 발견하기 곤란함

〈방사선투과검사〉

〈초음파탐상법〉

〈자기분말탐상법〉

〈침투탐상법〉

[14] 용접의 형식

아크, 가스염, 전기 저항열 등의 에너지를 이용하여 2개 이상의 물체를 원자의 결합에 의해 접합하는 방법으로 강재 구조물 등의 연결공법에 넓게 활용되고 있다.

1 맞댐용접(Butt Welding)

① 용입이 잘되게 하기 위하여 용접할 모재의 맞대는 면 사이의 가동된 홈(Gloove)을 사용하여 용접하는 형식

② 허용내력

$$R = alf$$

여기서, a : 유효 목두께 $= t$(판 두께)

l : 맞댐용접의 유효길이

($l = L - 2t$: 엔드 탭 없음),

($l = L$: 엔드 탭 있음)

f : 허용응력도

③ 접합 부위의 개선부의 형상에 따라 I형(6mm 이하인 경우 주로 사용), K, J, U, V형 등이 있음

〈개선부(Groove)의 형상〉

2 모살용접(Fillet Welding)

① 목두께의 방향이 두께의 어떠한 모재 표면에 대해서도 직각이 아닌 어떠한 각도를 가지는 용접 형식

② 허용내력

$$R = alf$$

여기서, a : 유효 목두께 $= 0.7S$(사이즈)

l : 모살용접의 유효길이($l = L = 2S$)

f : 허용응력도

③ 규격 및 품질 확보 : 목두께 및 사이즈 등에 대하여 설계 및 품질기준에 의한 규격 및 품질검사 실시

[15] 고장력 볼트 접합

고장력 볼트는 항복강도 7tf/cm² 이상으로 만든 볼트이며, 힘의 전달방식에 따라 마찰접합, 지압접합, 인장접합 등이 있다.

1 마찰접합(전단형)

① 판을 겹쳐 놓고 볼트를 강하게 조이면, 판의 접촉면에서 큰 마찰력이 생겨 Bolt 구멍이 밀착되지 않더라도 힘의 전달이 가능함
② 보통 고력 Bolt 접합이라 하면 이 방식을 의미함
③ 허용내력(Bolt 1개당 허용전단력 : R_s)

$$R_s = \frac{1}{v}n\mu N$$

여기서, v : 안전율(장기 1.5, 단기 1.0)
n : 마찰면의 수(1 또는 2)
μ : 미끄럼계수(표준 마찰면 0.45)
N : 볼트 장력(ton)

④ 큰 내력을 얻기 위해서 μ와 N이 클수록 유리, 즉 마찰면의 미끄럼계수와 Bolt 연결 시의 축력을 확보함

2 인장접합(인장형)

(1) 이음 · 접합부분에 대한 하중이 Bolt 축방향으로 전달됨

〈마찰접합〉   〈지압접합〉   〈인장접합〉

(2) 지압접합
전단형 접합에서 고력 Bolt 축과 Bolt 구멍 사이의 오차를 0에 가깝게 만들어 리벳접합과 같이 이용한 접합

[16] Scallop

강재부 용접 시 접합 부위의 용접선이 서로 교차되어 재용접이 되면 용접 부위는 열의 영향으로 취약해지므로 이를 방지하기 위하여 용접선의 교차가 예상되는 부위에 부채꼴 모양의 모따기를 하는 것을 Scallop이라 한다.

■ 목적

① 용접선이 끊어지지 않도록 함
② 완전돌림용접이 가능하게 함
③ 열 영향으로 인한 용접 균열 등 결함 방지

② 설치기준

① Scallop의 반지름 : 30mm
② 조립 H형강의 반지름 : 35mm

③ 시공 시 유의사항

① Scallop 부분은 완전돌림용접 실시
② 개선부의 정밀도 확인
③ Tack(가용접) 후 용접 변형상태 확인하고 본용접
④ 과대한 덧쌓기 금지
⑤ Arc Strike 발생 금지

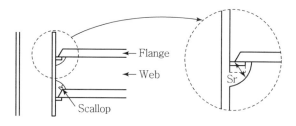

[17] 창호의 성능평가방법

창호는 성능에 따라 보통창 · 방음창 · 단열창으로 구분되며, 성능평가 항목은 내풍압성 · 기밀성 · 수밀성 · 방음성 · 단열성 · 개폐력 등이다.

1 창호 성능 기준

성능에 의한 구분	성능항목
보통창	내풍압성 · 기밀성 · 수밀성 · 개폐력 · 문 · 모서리 · 강도
방음창	내풍압성 · 기밀성 · 수밀성 · 방음성 · 개폐력 · 문 · 모서리 · 강도
단열창	내풍압성 · 기밀성 · 수밀성 · 단열성 · 개폐력 · 문 · 모서리 · 강도

2 창호의 성능평가방법

(1) 내풍압성

① 가압 중 파괴되지 않을 것

② 압력 제거 후 창틀재 장식물 이외에 기능상 지장이 있는 잔류 변형이 없을 것

③ 가압 중 창호 중앙의 최대 처짐이 스팬이 1/70 이하로 될 것

(2) 기밀성

① 창호 내 외부의 압력차에 의한 통기량 정도 측정

② 기밀성 시험방법에 규정된 기밀 등급선을 초과하지 않을 것

(3) 수밀성

① 가압 중(KSF 2293 시험규정)에 창틀 밖으로의 유출 · 물보라 · 내뿜음 · 물넘침이 일어나지 않을 것

② 실내 측면으로의 현저한 유출 발생이 없을 것

③ 등급은 압력차에 따라 $10 \sim 50 \mathrm{kg/m^2}$의 5단계

(4) 방음성

① 실 간 평균 음벽 레벨차 등 측정

② 투과율$(\tau) = \dfrac{T}{I}$

여기서, T : 투과음 에너지

I : 입사음 에너지

입사음 에너지(I)

반사음 에너지

투과음 에너지(T)

흡수음 에너지(A)

(5) **단열성**

   ① 시험체에 열을 가해 규정된 열관류 저항치에 대한 적합성 측정

   ② 열관류 저항($m \cdot h \cdot C \cdot kcal$) 측정은 $0.25 \sim 0.4$ 이상 4단계

   ③ 결로 및 열손실 방지

(6) **개폐력**

   ① 개폐하중 5kg에 대하여 원활하게 작동될 것

   ② 창 및 문의 개폐력 및 반복횟수에 의한 상태 측정

(7) **문틀 끝 강도**

   ① 재하 하중 5kg에 대해 문틀 휨의 적합성 측정

   ② 문틀의 휨

면 안쪽 방향의 휨	1mm 이하
면 바깥쪽 방향의 휨	3mm 이하

(8) **기타 성능평가**

   ① Mock – up Test

     • 풍동시험을 근거로 설계한 실물모형을 만들어 건축예정지에서 최악의 조건으로 시험하는 것

     • 시험종목은 예비시험, 기밀시험, 정압수밀시험, 동압수밀시험, 구조시험, 층간변위 등

   ② 내충격성

     가해지는 외력에 대한 성능 평가

   ③ 방화성

     화재 시 일정한 시간 동안 화재의 확대 방지 성능 평가

[18] 유리의 열파손

대형 유리의 경우 유리 중앙부는 강한 태양열로 인한 고온 발생으로 팽창하며 유리 주변부는 저온상태가 유지되어 수축함으로써 열팽창의 차이가 발생하는데 유리는 열전도율이 적어 갑작스런 가열이나 냉각 등 급격한 온도변화 시 열파손이 발생된다.

1 개념도

열에 의해 발생되는 인장 및 압축응력에 대한 유리의 내력 부족 시 균열 발생

2 원인

① 태양의 복사열로 인한 유리 중앙부와 주변부의
　온도차
② 유리가 두꺼울수록 열축적이 크므로 파손 우려
　증대
③ 유리의 국부적 결함
④ 유리 배면의 공기순환 부족
⑤ 유리 자체의 내력 부족

〈유리 열파손의 원인〉

3 방지대책

① 유리의 절단면을 매끄럽게 연마
② 유리와 유리 배면 차양막 사이의 간격 유지로 유리의 중앙부와 주변부 온도차 감소
③ 유리 Bar에 공기순환통기구 설치
④ 유리에 Film, Paint 등 부착금지
⑤ 유리 자체의 내력 강화

⑥ 유리 두께 1/2 이상의 Clearance 유지
⑦ 열깨짐 방지를 위한 유리 단부의 파괴에 대한 허용응력

종류	두께(mm)	허용응력(kgf/cm)
플로트 판유리	2~3	180
열선흡수 판유리	15, 19	150
열선반사 판유리		
배강도 유리	6, 8, 10	360
강화유리	4~5	500
망입 · 선입 판유리	6, 8, 10	100
접합유리, 복층유리	24 외	구성단판 강도 중 가장 낮은 값

PART

14 교량

ACTUAL
INTERVIEW

[1] 사장교와 현수교의 차이점

사장교는 케이블과 거더의 접속점에서 처짐변형이 발생하고 이 처짐에 비례한 반력을 케이블과 거더가 받는 구조이므로 다경간의 연속보로 치환할 수 있고 고차의 부정정 구조가 된다.
현수교의 행거는 보강거더의 하중을 케이블에 전달하는 역할을 하고, 보강거더는 활하중을 케이블로 전달하는 역할을 담당하며 지점으로 전달하는 활하중 성분은 거의 없다.

구분	사장교	현수교
개념	주탑에 정착된 경사케이블에 의해 보강형을 지지하는 형식	앵커리지와 주탑으로 케이블을 지지하고 케이블에 행어를 매달아 보강형을 지지하는 형식
지지형식	주탑 : 하프형, 방사형, 팬형, 스타형	주탑 : 앵커리지, 자정식, 타정식
하중 전달경로	하중 케이블 주탑	하중 → 행거 → 현수재 → 주탑, 앵커리지
구조의 특성	고차 부정정 구조 • 연속거더교와 현수교의 중간적 특징	저차 부정정 구조 • 활하중이 지점부로 거의 전달되지 않음
장단점	• 현수교에 비해 강성이 커 비틀림 저항이 크다. • 케이블 응력 조절이 용이하여 단면을 줄일 수 있다. • 장대화될수록 보강형 압축력 과다 및 주탑높이가 증가된다.	• 장경간에 경제적이다. • 풍하중에 대한 보강이 필요하다. • 하부구조 설치가 곤란한 지형에 유리하다.
대표교량	서해대교, 올림픽대교, 돌산대교, 진도대교, 인천대교	영종대교, 남해대교, 광안대교, 광양대교

[2] 세굴 방지공법의 종류

교대나 말뚝의 안정성 위험요소인 세굴의 방지공법으로는 말뚝에 의한 방법이나 세굴방지공 등의 공법을 적용할 수 있다.

공법	개요	보수단면
말뚝공법	시트 파일이나 PIPE 등을 기초 외면에 시공하고 그라우팅하여 채움으로써 세굴이나 기초 지지력에 대해 보강하는 공법으로, 시공 시 말뚝 길이에 제한이 따르는 경우가 있다.	그라우팅 말뚝
세굴방지공 공법	세굴방지공을 이용하여 기초를 보호하고 세굴방지를 도모하는 공법으로 시공이 비교적 용이하나 영구적인 공법으로 미흡하다.	세굴방지공
기초의 확대 공법	지반의 위치에 기초를 설치하여 주로 수평력에 저항케 하여 보강하는 공법으로 세굴 및 지지력의 향상을 도모한다. 신구 부재의 연결에 유의하여야 한다.	지수판
말뚝 증설 공법	신설 말뚝을 기존 주변에 설치하고 기초를 확대하는 방법으로 지지력에 대해 보강하는 것이다. 비교적 효과가 확실하며, 교량 아래에서의 시공 시에는 말뚝 길이는 제한이 따른다.	
지중연속벽 공법	지중연속벽을 기존 기초 주위에 설치하고 기존 구체와 일체화시키는 공법으로 지지력 및 세굴에 대해 보강시키는 공법이다. 보강효과가 확실하며, 토질조건에 따라 시공법을 선정해야 한다.	기존 기초
기초 연결 공법	인접한 기초 간을 철근 콘크리트 슬래브로 연결하여 기초의 안정을 도모하는 공법으로 작은 지간의 교량에 적용할 수 있다. 지지력과 기초의 변위에 효과가 있으며, 시공 중 가시설이나 유수의 우회조치 등이 필요할 때가 있다.	철근콘크리트 슬래브
지반 개량 공법	그라우팅이나 생석회 말뚝, 소일 시멘트, 약액주입 등을 기초 주변에 시공하여 연약 지반의 지지력을 증대시키는 공법으로 지지력이나 포화된 사질 지반의 개량 등에 효과가 있다. 지반의 개량 범위에 유의하여야 한다.	그라우팅 주입

[3] FCM 처짐관리(Camber Control)

FCM 공법에 의한 Segment 타설 시 시공기간, 시공하중 등에 따라 시공단계마다 Segment의 처짐이 발생하게 되는데 설계단계에서 처짐 계산에 의한 처짐곡선을 작성하고 시공단계에서 단계별 실측과 검토를 통하여 처짐량을 관리하는 것을 처짐관리라 한다.

1 처짐관리의 목적

① 매 세그먼트 타설 시 처짐량을 설계값과 일치시킴
② Key Segment 시공 시 종·횡 선형을 일치시킴
③ 교량 완공 후 변형 발생 시에 원하는 최종 선형에 도달시킴

2 처짐관리의 흐름도

[4] TMCP 강재

TMCP(Thermo Mechanical Controlled Process) 강재란 압연가공 과정에서 열처리 공정을 동시에
실행하여 제조된 강재이다.

1 압연과 분괴압연

(1) 압연

① 반대방향으로 회전하는 Roller에 가열상태의 강을 끼워 성형해가는 방법

② 강괴를 1,100~1,250℃에서 열간압연하고, 소요단면으로 강조립하는 공정을
분괴압연이라 한다.

(2) 압연과 TMCP 강재

분괴압연 또는 연속주조에 의해 만든 강편을 열간 또는 냉간에서 압연하여 판재,
형강, 봉강 등의 압연강재로 마감한다.

2 TMCP 강재의 특성

① 용접부 취성 증대 : 철강 재료에서 탄소 등의 합금원소가 첨가되면 강도 상승 효과가
있지만 용접부 취성이 증대된다.

② 냉각조건에 의한 압연 : 압연 시 냉각조건에 의한 제어를 통하여 미세 결정체에 의해
고강도를 얻는다.

③ 용접 열 영향 감소 : 냉각압연 시 합금원소의 첨가량이 적게 소요되고 따라서 탄소량
을 낮출 수 있기 때문에 용접 열 영향을 최소화할 수 있다.

④ 예열 불필요 : 예열 없이 상온에서 용접할 수 있고 결함 발생이 적다.

⑤ 강재 사용량 절감 : 두께 40mm 이상 후물재는 항복강도가 높아 강재 사용량을 절감
할 수 있다.

⑥ 고층 건축물 적용 : 강도가 높아 고층 건축물 적용에도 매우 유리하다.

[5] LB(Lattice Bar) Deck

동바리 거푸집 설치를 생략하기 위한 공법으로 교량 바닥판 시공에서 고강도의 콘크리트로 제작한 얇은 콘크리트 패널과 Lattice-girder를 합성한 프리캐스트 패널(LB-Deck)을 전용 작업대차로 거더와 거더 사이에 거치하고, 그 위에서 바닥판의 철근 배근과 콘크리트 타설작업을 할 수 있도록 한다.

1 제작방법

① LB-Deck는 바닥판 시공에 사용되는 고강도 거푸집 겸용 프리캐스트 콘크리트 패널을 말한다.
② Lattice-girder와 고강도 프리캐스트 콘크리트 패널을 합성하여 제작한다.
③ 현장 타설 콘크리트와 합성 후에는 교량 바닥판의 구조체로서 역할을 수행한다.

2 구성

① 콘크리트 패널 : 거푸집 역할
② 인장철근 : 가시설 작업하중에 저항하기 위한 철근
③ Lattice-girder

[6] 차량재하를 위한 교량의 영향선

교량의 영향선은 단위하중이 구조물 위를 지나갈 때에 특정 기능(반력, 전단력, 휨모멘트, 처짐, 트러스 부재력 등)의 값을 단위하중의 작용위치마다 표기한 선도를 의미한다.

1 영향선의 용도

① 특정 기능(전단력, 모멘트 등)에 대한 영향선을 그렸을 때 그 기능의 최댓값을 주는 활하중의 위치를 결정하여 준다.

② 위치가 결정된 활하중으로 인한 특정된 기능의 최댓값을 산정할 수 있다.

2 영향선의 작도방법

① 구조물의 어느 한 응력요소(반력, 전단력, 휨모멘트, 처짐 등)에 대한 영향선의 종거는, 구조물에서 그 응력요소에 대응하는 구속을 제거하고 그 점에 응력요소에 대응하는 단위 변위를 일으켰을 때의 처짐곡선의 종거와 같다. 이를 Müller-Breslau의 원리라고 한다.

② 이러한 Müller-Breslau의 원리는 영향선의 작도에 아주 편리한 지름길을 마련해주며, 특히 부정정구조물의 정성적 영향선을 작성하는 데 불가결의 원리이다.

3 작도된 영향선의 적용 예(최대 부모멘트 적용 시)

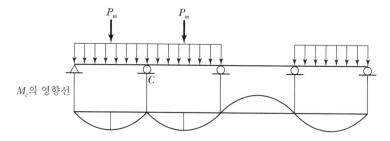

[7] 라멜라티어(Lamellar Tear)

강재를 T자 형태로 용접할 때 강재 표면과 평행으로 발생되는 층상 균열을 말한다.

1 형태

(1) 전파균열

Root부 또는 지단부의 저온 균열을 기점으로 하여 비금속 개제물을 따라 전파되는 균열

(2) 개구균열

맞댐 접합부에서의 비금속 개제물에 의한 개구 균열

라멜라티어

라멜라티어

라멜라티어

2 원인

① 단면 수축률이 낮을 때
② 금속 성분 중의 S(유황)과 비금속 개제물(MnS)의 영향
③ 강재의 두께가 두꺼울 때
④ 1회의 용접량이 클 때

3 대책

① 개구균열에 대한 대책은 저수소계 용접재료 사용
② 일반강 대비 S(유황) 성분을 낮게 관리
③ 비금속 개제물의 구상화 처리 공정
④ 두께 방향의 연성이 우수한 내Lamellar Steel 사용

Professional
Engineer
Construction
Safety

[8] 진응력과 공칭응력

부재 단면의 축하중에 의해서 발생되는 응력은 적용되는 단면적에 따라 진응력과 공칭응력으로
구분한다.

① 진응력

단면에 작용하는 하중을, 하중으로 인하여 축소된 단면적으로 나누어 구한 값을 진응력
이라 한다.

$$진응력 = \frac{하중(P)}{축소된\ 단면적(A')}$$

Necking

② 공칭응력

단면에 작용하는 하중을 축소된 단면적을 무시하고 최초의 단면적으로 나누어 구한 값을
공칭응력이라 한다.

$$공칭응력 = \frac{하중(P)}{최초의\ 단면적(A')}$$

[9] 설퍼밴드(Sulfur Band) 균열

강은 제조작업의 마지막 과정에서 탈산작업과 응고작업을 거치는데, 이때 탈산이 제대로 되지 않은 림드강의 내부에 불순물(유황의 편석)이 층상으로 압연된 것을 설퍼밴드라 한다.

1 균열발생 원인

① 용접 중 용접열에 의한 응력 집중

② 강의 용접성 저하

③ 강재 내부에 불순물(유황 등) 압연

④ 강의 연성 저하

⑤ 서브머지드아크 용접

2 대책

① 비금속물 개체물의 구상화 처리 공정 추가

② 유황(S) 성분이 낮은 강 사용

③ 예열 실시

④ 내Lamellar Steel 사용

⑤ 후열 처리 : 300~650℃ 정도

⑥ 응력 제거

[10] Preflex Beam

Preflex Beam은 Camber가 주어진 상태로 제작된 Steel Beam에 미리 설계 하중을 부하시킨 후 하부 Flange 둘레에 콘크리트를 타설하여 제작한 합성 Beam으로, Steel Beam 제작 후 미리 설계하중을 부하시킴으로써 Steel Beam 안전도 검사를 미리 할 수 있는 장점이 있다.

1 제작순서

① H-Beam 또는 I-Beam 강재를 Camber가 주어진 상태로 제작

② Preflexion 상태에서 설계하중을 가함

③ 하중을 가한 상태에서 하부 Flange 둘레에 콘크리트를 타설 후 양생

④ 설계 하중을 제거하면 하부 콘크리트에는 Pre-Compression이 도입됨

⑤ PC 부재가 완성되면 현장에서 거치한 후 Slab 콘크리트를 타설하고 마감

PART

15 터널

ACTUAL
INTERVIEW

[1] 불연속면(Discontinuity)

암반 내에 존재하는 불연속면의 종류에는 절리, 층리(퇴적암), 편리(변성암), 단층 및 파쇄대가 있다.

■ 불연속면의 종류

(1) 절리

구분	내용
종류	• 판상절리(화성암 냉각) • 전단절리(전단응력 집중) • 주상절리(화성암의 분출 시 용암 냉각) • 인장절리(인장력이 우세, 전단절리에 부수적 발생)
특징	• 절리면을 따라 풍화가 시작됨 • 화성암, 퇴적암 : 비교적 규칙적, 변성암 : 불규칙적 • 절리면을 따라 현저하게 움직이지는 않음 • 연장성 : 수 cm~수 m 정도

(2) 편리(Schistosity)

구분	내용
종류	• 편마구조 : 변성암의 입자가 크면 암석이 평행구조(편마암) • 편리 : 세립질이지만 육안으로 구분 가능(편암)
특징	• 편리면을 따라 잘 쪼개짐 • 단층과 파쇄대가 많음 • 광물의 재분포로 띠 또는 집중을 나타냄

(3) 층리(Bedding)

구분	내용
특징	• 색이나 입도가 달라짐 • 괴상 : 층리가 나타나지 않은 것(사암, 역암) • 층상의 면은 퇴적물이 굳어진 후에도 쪼개짐

(4) 단층과 파쇄대

구분	내용
종류	• 정단층 • 역단층 • 수평단층
특징	• 투수층 형성 가능성이 큼 • 단층을 따라서 충화, 파쇄가 심함 • 절리면에 비해 연장성이 큼 • 화성암, 퇴적암에 있으나 특히 변성암에 많음 • 지진 발생이 많은 곳에 분포가 많음 • 단층면을 따라 활동면, 단층점토, 단층각력암, 단층대 등이 나타남

[2] Face Mapping

터널굴착 시 굴착면 상태를 육안으로 확인하고 RMR 평점기준으로 판단하는 자료를 말한다.

◼1 작도목적

① 지반조사의 보완자료

② 굴착 안전성, 경제성 확보

③ 굴착 패턴의 결정

④ 암반의 분류

◼2 조사절차

발파 → 부석 정리 → Mapping 판정 → 차기 span 시공

◼3 조사항목

① 지질

② 암반상태

③ 불연속면

④ 조사대상 결정

◼4 조사대상

① 천단부

② 측벽

③ 막장면

④ 바닥면

◼5 활용

① 막장부 안전성 평가

② 굴착공법의 결정

③ 계측기 위치 및 계측횟수 관리

④ 지보공의 간격, 길이, 위치 산정

[3] 여굴의 원인과 대책

굴착에 있어서 라이닝의 설계 두께선보다 외측으로 생기게 되는 여굴이 많으면 버럭 반출 및 라이닝의 여분의 비용이 들 뿐만 아니라 토압면에서도 불리하게 되므로 여굴은 가능한 한 적게 해야 한다.

1 여굴의 원인

구분	원인
설계 불량	• 조사 불량(단층, 파쇄대 등 연약지반 확인 불량) • 발파 패턴 불량(천공간격, 길이, 공당 장약량 등) • 지보재 강성 및 설치 시기 불량 • 보조공법 설계 미반영 및 보조공법 선정 불량
시공 불량	• 천공 불량(천공 길이, 천공 각도) • 장약 및 발파 불량(과다 장약량 사용) • 보조 지보재 설치시기 미준수 및 설계보다 작게 시공 • 제어 발파 미시행
계측 관리	• 계측 관리 미흡　• 계측 결과 반영 미흡　• 암판정 불량
기타	• 천공장비의 구조적 문제 • 기능공의 숙련도 등

2 대책

① 발파 굴착에서 천공의 위치, 각도를 정확히 할 것 : 장약길이 조정, 폭발직경 조절
② 제어발파 실시
　　㉠ Smooth Blasting 공법 채택　　㉡ 프리스프리팅 실시
③ 기계굴착 방법 선택
④ 발파 후 조속히 초기보강 실시 : Shotcrete
⑤ 적정 장비의 선정
⑥ 정밀 폭약, 적정 폭약 사용
⑦ 숙련된 작업원 활용 및 기능 교육
⑧ 선진 그라우팅 실시 : 연약지반
⑨ 연약지반 처리 : 고결 · 동결공법
⑩ 지발뇌관 사용 : 과도한 발파 에너지 감소

[4] 심빼기 발파

심발은 자유면 확보를 위한 공법으로 경사공, 평행공, 혼합공 등이 있다.

구분	경사공(V-Cut)	평행공(Cylinder-Cut)	혼합공(Supex-Cut)
대표적 천공방법			
특징	• 채석 용적이 큼 • 약실의 투사면적이 큼 • 대괴가 나오기 쉬움 • 심빼기를 여러 형태로 응용 가능	• 자유면에 대하여 직각으로 서로 평행하게 천공 • 무장약공의 위치는 발파 시 균열권 안에 위치 • 비중이 적고, 순폭도가 큰 폭약 사용 • 정확한 지발 뇌관을 사용 • 1발파당 채석용적이 적음	• 심발부 최소저항선 다단계로 형성 분할 발파 • 터널축에 평행공과 각도공 병행천공(천공길이 다양) • 약실의 투사면적과 채석 용적이 최대가 되도록 경사공 및 평행공을 병행천공하고 여러 단계로 분할하여 발파하는 방법 • 시간차를 두고 발파하되, 공저에서 최종단계를 다단분 착 발파하면 입방체의 심발을 형성함
장단점	• 버럭의 비산거리가 짧음 • 단공발파나 연암발파에 효율적 • 천공이 쉽고, 천공이 짧음 • 사압의 발생 우려 없음	• V-Cut 공법에 비해 발파 진동이 적음 • 터널 단면 크기에 제약을 받지 않음 • 사압이 없고 진동 제어에 용이 • 버럭이 작아 Mucking 효율 높음	• 대구경 천공을 하지 않아 Bit 및 Rod 교체 불필요
문제점	• 굴진장에 제한을 받음 • 여굴량이 증가 • 실 천공장이 짧아지고, 발파 효율이 낮음 • 파쇄암석이 비교적 크게 발생 • 집중장약에 의한 발파진동이 큼	• 소결현상에 의한 발파 실패 우려 큼 • 잔류공이 남는 문제점 발생 • 천공오차에 의해 발파효율 저하 • V-Cut에 비하여 천공수 증가에 의한 천공이 길어짐	• V-Cut이 혼용되기 때문에 터널 단면적에 제약을 받을 수 있음 • 심발공 천공에 고도의 기술 필요 • 단공 발파 시 천공비 과다 • 심발부 단위 천공 수 증가 • 순폭, 사압의 영향 상존

[5] 숏크리트 리바운드(Rebound)

리바운드란 숏크리트 타설 시 뿜어 붙인 숏크리트 콘크리트가 벽면에 부착되지 않고 떨어져 나오는 현상을 말하며 숏크리트 타설방법에 따라 리바운드양이 달라질 수 있다.

■ 리바운드에 영향을 미치는 요소

(1) **숏크리트 공법**

건식 공법이 습식 공법에 비해 약간 증가함(리바운드율 30~35%)

(2) **뿜어 붙이기 압력**

암반에 충돌하는 속도가 적당할 때 감소함(노즐 끝 1~2kgf/cm²)

(3) **분사 각도**

분사 각도는 직각을 유지할 때 감소하며, 측벽보다 아치부가 20% 정도 증가함

(4) **분사 거리**

분사 거리가 1m일 때 가장 작음(0.75~1.25m가 적당)

(5) **뿜어 붙이기 두께**

1회 두께가 너무 두꺼우면 박리하므로 1회 두께는 10cm 이하로 함

■ 리바운드율과 노즐거리의 관계

[6] Bench Cut 발파

Bench Cut 발파는 자유면을 증대시켜 폭파효율을 좋게 하고 천공 장약 및 버럭 처리를 용이하게 하기 위한 공법으로 암반굴착 시 굴착 면을 여러 단의 Bench로 만들어 순차적으로 발파하는 굴착을 말한다.

1 Bench Cut의 특징

① 계획적 발파로 다량 채석에 적당하고 계획적인 생산량을 확보할 수 있음
② 암버럭 처리의 기계화 작업이 가능함
③ 비교적 폭석 발생이 작아 안전성에 유리함
④ 발파 효율이 좋아 경제적임
⑤ 평탄한 Bench 조성을 위해 벌채, 절토, 진입로 등의 사전 준비기간이 길어짐
⑥ Bench의 폭은 높이의 2배 정도로 함

2 천공방법

(1) Sub-Drilling 공법

① $u = 0.3 \sim 0.35W$
② 바닥면보다 약간 깊게 천공하여 발파 후 바닥에 미발파 여분이 남지 않게 함

(2) Toe Hole 공법

Toe Hole 시공 기계의 시공성을 위해 막장을 향해 수평 또는 약간의 하향(5~10°)으로 천공함

[7] 편압

편압은 터널의 토피가 얕은 경우, 특수한 원지반, 불균일한 지질 등에서 주로 발생하며 편압이 발생하면 이상지압에 의해 동바리공이나 콘크리트 복공이 변형되고 경우에 따라 붕괴되기도 한다.

1 편압의 원인

① 터널 측면의 굴착
② 불균일한 지질
③ 지형이 급경사인 경우
④ 기존 터널에 근접 시공
⑤ 터널의 토피가 얕은 경우

〈압성토공법〉

2 편압에 의한 피해

① 콘크리트 복공의 균열
② 동바리공의 변형
③ 갱구 변형 및 전도
④ 콘크리트 복공의 변형

〈보호 절취〉

3 대책

(1) **압성토공법**
편압이 작용하는 반대편에 편압에 대응하는 압성토 실시

(2) **보호 절취**
편압이 작용하는 터널 상부 부분의 토사를 절취하여 편토압을 저감시킴

(3) **보강 콘크리트**
편압이 작용하는 반대편의 터널 외부에 보강 콘크리트를 타설하고 상부에 성토하여 지지력 및 반력을 증대시킴

〈보강 콘크리트〉

[8] Line Drilling

Line Drilling 발파는 굴착 예정 암반에 보호선을 굴착 예정선으로 정하고 굴착 예정선에 공경을 조밀하게 배치한 후 인접공의 발파 시 굴착 예정선을 따라 파괴되도록 하는 발파법이다.

■1 특징

① 절리간격이 작은 암반 굴착 시 효과가 우수함
② 고도의 천공기술을 요함
③ 조밀한 천공으로 비경제적임
④ 오차를 최소화하는 것이 Point임

■2 시공법

① 굴착 예정 암반에 목적하는 보호선을 굴착 예정선으로 함
② 굴착 예정선에 ϕ50~70mm의 무장약 빈공을 공경의 2~4배 간격으로 설치
③ 공경 7.5cm, 공 간격 20~30cm로 제2열 천공하고 주 발파공 장약의 50% 설치
④ 자유면 측(주 발파공)은 100% 장약

■3 시공 시 유의사항

① 천공 길이, 천공 간격 및 각도를 정확히 관리
② 최소저항선 간격은 일정하게
③ 암질에 따른 발파계수를 적용하여 장약량을 합리적으로 산정
④ 시험발파 후 최적의 방법을 선정

[9] Decoupling 계수

Decoupling 장약은 천공경보다 직경이 작은 약포의 폭약을 장약하여 약포와 공벽 사이에 공간을 유지시킴으로써 폭약의 폭발로 발생하는 폭력을 발파 목적에 적합하도록 제어하는 것이며, 공경과 약경의 비를 Decoupling 계수라 한다.

1 Decoupling 계수(D_c)

$$D_c = \frac{R_c(천공지름)}{R_b(폭약지름)}$$

2 Decoupling 효과

① 폭약의 충격 영향 감소
② 장약공 부근의 파괴 범위 축소
③ 암반 이완 방지

3 적용

(1) Smooth Blasting 발파

D_c=1.5~2.0

(2) Pre-Splitting 발파

D_c=2.0~3.5

(3) 암의 종류에 따른 계수

① 경암 : 2.0~2.5
② 중경암 : 2.5~3.0
③ 연암 : 3.0~3.5

[10] Smooth Blasting

Smooth Blasting은 굴착예정선을 따라 다수의 천공을 등간격으로 평행하게 배치하고 정밀화약을 장약하여 실시하는 공법이다.

1 특징

① 원암반의 균열을 최소화하여 암반 자체 강도를 최대한 유지할 수 있음
② 발파면의 요철과 여굴을 최소화하여 지보량을 줄일 수 있음
③ Cushion Blasting과 비슷한 공법
④ 소음, 진동 저감으로 비교적 안전함

2 시공법

① 자유면 쪽 2열에는 보통 폭파공 2열을 설치
② 공경은 32~36mm, 천공간격은 60~90cm, 천공장은 2m 이상으로 함
③ 굴착예정선을 따라 설치한 공에 정밀화약(Finex) 18~21mm를 장전
④ 굴착예정선 공과 보통 폭파공을 동시에 발파시킴

3 시공 시 유의사항

① 암질에 따른 발파계수를 적용하여 장약량을 합리적으로 산정
② 천공 길이, 천공 간격 및 각도를 정확히 관리
③ 시험발파 후 최적의 방법을 선정
④ 최소저항선 간격을 일정하게

[11] Cushion Blasting

Cushion Blasting은 천공 간격을 넓히고 발파공에 공경보다 작은 폭약을 장전한 Cushion Blasting 공을 배치하여 발파함으로써 굴착예정선의 절단면을 보호하는 공법이다.

1 특징

① Line Drilling 공법보다 공 간격이 넓으므로 천공비가 절감됨
② 불균질암에 적용 시 효과적

2 시공법

① 굴착예정선의 공간격은 최소저항선의 80% 이내, 공직경은 50~180mm로 함
② 자유면 쪽은 보통 폭파공 2열 설치
③ 굴착예정선을 따라 1열에는 천공경보다 약간 작은 약포의 폭약을 장전하고 그 사이는 공간을 유지

3 시공 시 유의사항

① 천공 길이, 천공 간격 및 각도를 정확히 관리
② 최소저항선 간격은 일정하게
③ 암질에 따른 발파계수를 적용하여 장약량을 합리적으로 산정
④ 시험발파 후 최적의 방법을 선정

[12] Pre-Splitting

Pre-Splitting 발파는 다수의 공을 천공한 다음 굴착예정선의 장약을 먼저 발파시켜 파단면을 형성한 후 나머지 부분을 발파하는 공법이다.

1 특징

① Line Drilling 공법에 비해 천공비가 절약됨
② 양질의 균질암에 효과적임
③ 선행 발파 후 암반 상태 미확인 상태에서 주 발파 시행

2 시공법

① 공 직경은 5~10cm, 약포 지름은 25~35cm, 공 간격은 30~50cm로 함
② 자유면 쪽의 2열(주 발파공)은 보통 발파공을 설치
③ 굴착예정선상의 공에는 50% 이하로 장약
④ 굴착예정선상의 폭약을 1차 폭파시켜 균열을 선행 발생시킴
⑤ 1차 발파 후 주 발파 시행

3 시공 시 유의사항

① 천공 길이, 천공 간격 및 각도를 정확히 관리
② 최소저항선 간격은 일정하게
③ 암질에 따른 발파계수를 적용하여 장약량을 합리적으로 산정
④ 시험발파 후 최적의 방법을 선정

[13] 터널의 붕괴원인 및 대책

터널은 지반적 · 환경적 · 시공적 요인에 의해 붕괴될 수 있으므로, 각 요인들에 대한 조사와 분석이 철저히 이루어져야 하며, 굴착 전 적절한 대책을 수립하는 것이 중요하다.

1 터널 붕괴의 원인

① 터널 상부구조물(건물, 교량, 암거, 말뚝 등) 하중
② 편토압 작용　　　　　　　③ 연약지반 굴착
④ 터널 상부지반 굴착　　　　⑤ 터널 상부지반 성토
⑥ 기존 터널 근접 시공　　　　⑦ 산사태 발생
⑧ 지하수, 용수 다량 용출

〈천장부 지반 보강〉

〈천장부 박락 방지〉

2 대책

① 적절한 종류 및 규격의 지보재 설치　② 적절한 시기의 지보재 설치
③ 배수 처리　　　　　　　　　　　　④ 지반보강공법 채택
⑤ 계측관리　　　　　　　　　　　　⑥ 라이닝 시공 두께 및 강도 확보
⑦ 인버트 콘크리트 시공

〈인버트 하부지반 보강〉

〈봉합 및 공동충진〉

[14] NATM 터널의 유지관리 계측

NATM 터널의 유지관리를 위해서는 일반적인 갱내 관찰이나 라이닝 변형 측정 등이 대표적이며 단면계측으로는 토압, 간극수압, 철근의 응력 등을 통한 계측이 중요하다.

1 일반관리 계측

① 갱내 관찰 · 조사 : 조명, 환기상태, 온도, 습도, 콘크리트의 균열, 누수, 배수로 상태 조사
② 라이닝 변형 측정 : 콘크리트 라이닝의 안정성 확인, 지보재 및 주변 지반의 안정성 간접확인, 균열 발생 시 원인조사
③ 용수량 측정 : 콘크리트 라이닝 수압작용 여부

2 대표 단면 계측

① 토압 측정
② 간극수압 측정
③ 콘크리트 라이닝의 응력 측정
④ 철근 응력 측정
⑤ 지하수위 측정

3 유지관리 계측 항목

계측항목	내용
토압	• 터널라이닝 설계의 적정성 평가 • 지반의 이완영역 확대 여부 및 지반응력의 변화 조사
간극수압	• 배수터널의 배수기능 저하에 따른 잔류수압 상승 여부 측정 • 비배수터널의 라이닝 작용 시 수압 측정 • 수압에 따른 라이닝의 안정성 확인
지하수위	• 간극수압 측정 시의 신뢰성 평가 • 터널 내 용수량과의 상관성 평가
콘크리트 응력	• 외부 하중으로 인한 콘크리트 라이닝의 응력 측정 • 콘크리트 라이닝이 구조체로 설계된 경우 라이닝 내부 응력 측정

철근응력	• 외부 하중으로 인한 콘크리트 라이닝 내의 철근응력 측정 • 콘크리트 라이닝 응력 측정 결과의 신뢰성 검증
내공변위	외부 하중으로 인한 콘크리트 라이닝의 변위량을 측정하여 터널 구조물의 안정성 판단
균열	콘크리트 라이닝에 발생한 균열의 진행 상태를 측정하여 터널의 안전성 판단
건물경사	터널 구조물의 거동으로 인한 지상 건물의 기울기를 측정하여 건물의 안전성 판단
진동	지진 발생 시 터널 구조물의 안전성 판단 및 열차 운행 등에 의한 주변 구조물의 진동 영향 판단
온도	콘크리트 라이닝의 온도 영향 판단

[15] 터널 용수대책

터널 굴착 도중 용수가 발생하면 지보공 기초 지지력 저하의 원인이 되며 이로 인해 지보공의 침하에 의한 붕괴사고의 위험성이 발생되므로 지수대책이 필요하다.

🚩 공법의 종류

구분	공법
차수공법	• 약액주입공법 • 압기공법 • Grouting : Pregrouting, Aftergrouting
배수공법	• 물빼기 갱도 • 물빼기 Boring • Deep Well, Well Point

2 고려사항

① 용수상황　　　　　　　　　② 붕괴 정도
③ 입지환경조건　　　　　　　　④ 경제성

3 용수대책

(1) 배수 Pipe 설치
　　① 염화비닐 Pipe 설치　　　　② Shotcrete 타설

(2) 철망 설치 → Hose
　　① 용수지역　　　　　　　　② 1차 호수로 물을 빼고
　　③ 철망 또는 Sheet를 붙임

(3) Channel
　　① 절리 등에서 용수될 경우　　② 배수 Channel 설치
　　③ 자유로운 방향으로 유도

(4) 물빼기 구멍
　　① 용수가 많은 경우　　　　　② 수발공 설치

[16] 스프링라인

터널의 스프링라인이란 발생터널직경의 최대폭이 이루어지는 점의 종방향 연결선으로 하중분산을 통한 안정성 도모와 아칭효과의 극대화를 위해 관리한다.

1 스프링라인의 변화요소

① 여굴량

② 굴착량

③ 지반조건

2 스프링라인의 활용

① 상하반 굴착 분할선

② 아칭효과 극대화

③ 심빼기 발파의 위치 선정

④ 보조공법의 범위 선정

3 영향요소

직접 요소	간접 요소
• 건축한계선 • 측방 유동폭 • 터널폭	• 배수공 • 공동구 • 환기시설

4 아칭효과 : 수직전단력, 수평자중 및 휨모멘트의 저감

① 상부 : 인장력

② 하부 : 압축력

③ 측면 : 수평반력

PART

16 도로

ACTUAL
INTERVIEW

[1] 아스팔트 포장과 콘크리트 포장의 비교

포장형식은 아스팔트 포장과 콘크리트 포장으로 대별되며, 교통특성, 토질 및 기후, 시공성, 재료특성 및 공사비 등 제반요인을 비교 · 검토하여 선정되어야 하나 모든 요소를 정량적으로 평가하기가 어려우므로 몇몇 주요 인자를 비교 · 분석하여 포장형식을 선정한다.

▓ 구조적 차이

구분	아스팔트 포장	콘크리트 포장
포장 형식	연성 포장	강성 포장
응력 전담층	노상	표층
각 층의 구성		
하중의 분포		

[2] 침입도(PI : Penetration Index)

침입도란 역청 재료의 굳기를 말하는 것으로, 규정된 온도, 하중 및 시간의 조건하에서 표준침이 시료 중에 수직으로 침입한 길이로서 나타내며 그 단위는 침입한 길이의 1/10mm를 침입도 1로 한다.

1 시험의 목적

① 아스팔트의 굳기 정도 측정
② 아스팔트의 감온성 추정
③ 아스팔트 적용의 양부 결정

2 시험의 표준조건

① 시험온도 : 25℃
② 시험하중 : 100g
③ 시험시간 : 5초

3 시험방법

① 매 시험 시 침에 붙어 있는 시료를 사염화탄소로 닦아냄
② 같은 시료에서 측정위치는 측정한 곳에서 10mm 이상 떨어진 곳으로 함
③ 고정쇠를 5초 동안 눌러 시료 속으로 들어가게 함(표준침의 굵기는 1.0mm)
④ 시험은 3회 이상 하여 평균값을 취함
⑤ 침입도는 온도가 높아지므로 시험온도 유지

[3] 박리현상(Stripping)

아스팔트 콘크리트 포장에서 혼합물의 골재와 아스팔트의 접착성이 상실되어 포장의 표면에서 골재가 박리되는 현상

1 피해

① 포장의 내구성 저하
② 주행성 불량
③ 운전 중 소음, 진동 발생
④ 포장체 균열 발생

2 원인

① 아스팔트 혼합물의 품질 불량
② 아스팔트의 열화
③ 시공 시 다짐 불량
④ 교통 하중에 의한 응력

3 방지대책

① 지역에 따른 적정한 침입도의 아스팔트 사용
② 과도한 아스팔트양 사용금지
③ 밀입도 또는 개질 아스팔트 사용
④ 시공 시 충분한 전압 다짐
⑤ 혼합 골재 품질의 적정성 확보

4 보수공법

① Seal Coat
② Slurry Coat
③ Overlay
④ 재포장

[4] Blow-up

Blow-up 현상이란 콘크리트 포장에서 여름철 온도의 상승에 따라 콘크리트 Slab가 팽창하여 줄눈 부근에서 콘크리트의 단부가 솟아오르면서 좌굴의 형태로 파손되는 현상을 말한다.

1 형태

① 양측 동시 솟아오름 : 일반적인 경우
② 한쪽만 솟아오름 : 시공 줄눈이 수직이 아닐 때

2 피해

① 교통사고 유발
② 주행성 불량
③ 도로 기능 마비

3 원인

① 여름철 기온이 높을 때 Slab의 팽창
② Slab의 팽창 시 줄눈의 간격이 작을 때
③ 줄눈 내 이물질(비압축성 물질) 침입

4 방지대책

① 줄눈 설치 시 충분한 유간 확보
② 줄눈재의 밀실한 충전
③ 주기적인 줄눈 보수 및 교체

5 보수방법

① Blow-up된 Slab를 절단한 후 아스팔트 또는 콘크리트 충전
② 한 측 Slab 전체를 제거한 후 재포장

[5] Sandwitch 공법

연약지반 위에 포장을 할 경우 포장체의 강성을 높이기 위하여 노상, 보조기층 위에 빈배합 콘크리트를 타설하고 상부에 통상적인 도로 포장형식으로 포장 시공을 하는데, 이때 빈배합 콘크리트의 균열이 상부 표층으로 전파되는 것을 방지하기 위하여 빈배합 콘크리트 위에 입도 조정 쇄석기층을 시공하는 공법을 Sandwitch 공법이라 한다.

1 구조

① 보조기층 위에 빈배합 콘크리트층 시공
② 빈배합 콘크리트 상부에 입도 조정 쇄석기층 시공
③ 기층 상부에 아스팔트 콘크리트 표층 시공

2 적용

① 노상의 지지력이 부족할 때
② 연약지반 상 도로 축조
③ 도로의 지지력 증대

3 효과

① 부등침하 방지
② 반사균열 제어
③ 지지력 증대

[6] 배수성 포장

배수성 포장은 우천 시 물 튀김 방지, 야간 우천 시 시인성 향상 외에 차량 주행 소음 저감 등의 부가적인 효과도 있다.

1 구조

① 표층에 배수성 포장용 아스팔트 혼합물을 사용함

② 그 이하는 불투수층으로 빗물이 포장 내부에 체류하지 않는 구조로 함

2 종류

① 길어깨에 배수하는 경우

② 측구에 배수하는 경우

PART

17 항만/하천/댐

ACTUAL
INTERVIEW

[1] 방파제의 종류

방파제는 하역의 원활화, 선박의 항행, 정박의 안전 및 항 내 시설 보전을 도모하기 위하여 설치되는 것으로 부근의 지형, 시설 등에 미치는 영향 등을 고려하여 이용조건, 유지관리 등을 종합적으로 검토하여야 한다.

1 방파제의 종류

구분	종류	
경사제	• 사석식	• Block식
직립식	• 케이슨식 • Cell Block식	• Block식 • 콘크리트 단괴식
혼성제	케이슨식, Block식, Cell Block식, 콘크리트 단괴식	
특수 방파제	• 유공 케이슨식 방파제 • 부 방파제	• 강관 방파제 • 공기 방파제

2 각 공법의 특징

종류	특징
케이슨식	• 파력에 대한 저항이 강함 • 시공 확실 • 해상 작업 일수 감소 가능 • 대형 장비 필요 • 수심, 일기에 공정이 큰 영향을 받음
Block식	• 시공이 용이 • 시공 설비가 작음 • Block 간 결합력이 작고 해상 작업 일수가 긺 • Block의 수가 많을 경우 대규모 제작장이 필요

[2] 비말대와 강재 부식속도

해양 물보라가 발생하는 범위인 비말대는 조석의 간만, 파랑의 물보라에 의한 건습의 반복작용을 받는 열악한 지역으로, 강재의 부식속도가 빠르므로 염해에 대한 특별한 시공관리가 필요하다.

1 비말대의 특징

① 염분의 농축
② 산소 공급의 증가
③ 부식 속도 증대
④ 건습에 의한 내구성 열악
⑤ 마모, 동결융해 등에 의한 열화

2 강재의 부식속도

환경		부식속도(mm/연)
대기 중		0.1
해중	만조위 비말대	0.3~0.5
	간만대(간조위~만조위)	0.1~0.3
	해중	0.02~0.1
토중	해저 펄 속	0.1
	토중	0.02~0.03

3 강재의 부식 방지

(1) 강재 표면 라이닝
　① 무기질 라이닝 : 콘크리트 피복
　② 유기질 라이닝 : 도장, 도금
(2) 전기방식법
　① 희생양극법
　② 외부전원법
(3) 강재 두께 증가
　내구연한(100년)을 고려하여 2~3mm 증가

[3] 가물막이공법

수중 또는 물의 흐름이 접하는 곳에 구조물을 만들 때 설치하는 가설구조물을 가물막이라고 한다.

1 사전조사

① 홍수위, 유속, 유량조사
② 토질조사
③ 부근의 준설공사 여부
④ 조위, 조류, 파도, 풍향, 풍속 조사

〈원형 Cell 가물막이공법〉

2 공법 선정 시 고려사항

① 설치장소의 지형, 기상조건
② 수심과 굴착깊이
③ 유수압 파압의 영향
④ 선박의 항행에 따른 영향
⑤ 주변환경에 대한 영향
⑥ 시공성, 경제성 등

3 공법의 분류

분류	종류
중력식	• 댐식 • Box식 • 케이슨식 • Cellular Block식 • Corrugated Cell식
Sheet Pile식	• 자립식 • Ring Beam식 • 한 겹 Sheet Pile식 • 두 겹 Sheet Pile식 • Cell식

[4] 하천 생태호안

하천 생태호안은 안전성을 확보하면서 하천이 가지고 있는 생태계의 양호한 환경과 본래의 경관을 보전·향상시키는 것을 목적으로 조성되는 호안을 말한다.

1 필요조건

① 하천 유지관리 효율성 증대

② 자연생태계 보전

③ 친수성 증대

2 생태호안 시공 예

(1) 식생 호안

버드나무 가지를 하나로 묶은 섶단을 강가에 가로 눕힌 뒤 나무말뚝으로 고정시키고 그 위를 흙과 모래로 덮는 방법

(2) 식생 + 석재 호안

버드나무를 돌 사이에 끼워 돌 틈에서 자란 버드나무 뿌리로 호안의 흙을 보호하고, 돌 사이를 결합시키는 방법

(3) 식재 + 콘크리트 호안

찰쌓기 시공한 호안의 상단 끝부분에 식물을 심을 수 있도록 V자형의 홈을 군데군데 배치하여 돌과 식물의 조화를 이루는 방법

[5] 유수전환방식

시공 중 제체를 월류한 경우의 피해를 고려하여 최소의 비용으로 공사 수행이 가능하도록 하천유출 특성을 파악하여 적절한 방식을 선택하여야 한다.

1 전면 가물막이(전체절방식)

① 하천의 유수를 가배수터널(Diversion tunnel)로 전환 – 터널은 댐 지점의 한쪽 혹은 양쪽에 설치, 하천 유수를 우회시켜 원래의 하천에 유하

② 댐 지점 하천을 전면적으로 물막이하여 작업 구간을 확보하고 기초굴착과 제체 축조공사를 실시하는 방식

〈전면 가물막이〉

2 부분 가물막이(부분체절방식)

① 하폭이 넓은 경우에 사용되는 방식

② 하천의 한쪽에 가물막이를 설치하여 다른 쪽으로 하천수를 유도 – 가물막이 내부 기초굴착 및 본 제체 공사

③ 다음으로 축조된 제체 내에 설치된 제내 가배수로로 유수를 전환 – 나머지 절반을 가물막이하여 제체의 나머지 부분을 완성시키는 방법

〈부분 가물막이〉

3 가배수거(로)방식

① 하천유량이 별로 크지 않고 하폭이 비교적 넓은 곳

② 하천의 한쪽 편에 개수로를 설치하여 유수를 처리 – 댐 상하류를 막고 하상부분 제체의 일부를 축조

③ 축조된 제체 내에 설치한 제내 가배수로로 유수 전환 – 잔여 제체부를 완성하는 방식

④ 개수로의 위치에 따라서는 부분가물막이의 일종

〈가배수거〉

[6] 필댐(Fill Dam)의 종류

필댐에는 균일형, 존형, 표면차수벽형, 코어형 등이 있다.

1 필댐의 종류

① 균일형
② 코어형 : 중심코어형과 경사코어형
③ 존형
④ 표면차수벽형(CFRD : Concrete Face Rockfill Dam)

명칭	약도	정의
균일형	투수성 존, 불투수성 존, 드레인	제방의 최대단면에 대해서 균일한 재료가 차지하는 비율이 60% 이상인 댐
존형	투수성 존, 불투수성 존, 반투수성 존	토질재료의 불투수성 존을 포함한 여러 층의 존이 있는 댐
표면차수벽형	포장, 투수성 존	상류경사면을 토질재료 이외의 차수재료로서 포장한 댐
코어형	투수성 존, 트랜지션 존, 코어	토질재료 이외(아스팔트, 콘크리트 등)의 차수벽이 있는 댐

[7] 양압력

콘크리트 구조물, 콘크리트 댐의 기저면, 내부의 수평타설 이음에 작용하는 간극수압으로 구조물, 댐을 들어 올리는 압력이기 때문에 양압력(Uplift Pressure)이라 한다.

1 양압력의 산출방법

① 구조물 하부의 양압력은 유선망을 작도하여 구함

② 임의의 점에서 양압력=그 점의 압력수두×물의 단위중량

③ 압력수두=전수두 – 위치수두

④ 전수두(H_t)

$$H = H_e + H_P = H_E \cdot \frac{U}{\gamma_\omega}$$

여기서, U(간극수압) $= H_P \cdot \gamma_\omega$

H_t(전수두) : 임의의 기준면에서의 위치수두+압력수두+속도수두

= 기준면에서 물이 올라간 높이(토질역학에서는 침투속도가 대단히 느리므로 속도수두 무시)

H_e(위치수두) : 임의의 기준면에서 피에조미터를 꽂은 지점까지 물의 높이

H_p(압력수두) : Stand Pipe(피에조미터) 속의 물의 높이 기준선을 바꾸어도 항상 같음

유선망	양압력 산정사례
	• 수위차 $H = 12\text{m}$, 기준면이 하류면(D)일 때 J점의 간극수압(U, 양압력) • 인접한 등수두선 간의 수두 손실은 $H/6$씩 균등하게 생김 • 전수두(H_t) $= N_d/N_d \times H = 2 \times H/6$ $= 2 \times 12/6 = 4(\text{m})$ • 위치수두(H_e)=기준면하 8m이므로 -8m • 압력수두(H_p) $= h_t - H_e = 4 - (-8) = 12\text{m}$ • 양압력(간극수압) $U = H_p \cdot \gamma_\omega = 12 \times 1 = 12(\text{t/m}^3)$

[8] 부력에 의한 손상 방지대책

> 액체 속에 있는 물체가 받는 힘으로, 부력은 물체가 배제한 물의 무게(중량)만큼 발생한다.

1 구조물의 부력 방지대책

(1) Rock Anchor 설치

① 부상하중에 저항하도록 Rock Anchor 설치

② 기초저면 암반까지 Anchor시켜 부력에 저항

구조물

Rock
Anchor

배수

〈강제배수〉

(2) 마찰말뚝 이용

① 말뚝의 마찰력으로 부상력에 대항

② 마찰력을 기대할 수 있는 하부지층이 깊을 경우 현장타설 콘크리트 말뚝설치

(3) 강제배수

① 유입지하수를 외부로 강제배수시켜 부력을 낮춤

② 배수공법을 사용하여 지하수위를 저하시킴

(4) 구조물의 중량 증대

① 구조물의 자중을 부력의 1.25배 이상으로 증대시켜 부상방지

② 골조 단면 증대 또는 2중 Mat Slab 내에 자갈 등을 채움

(5) 브래킷(Bracket) 설치

① 지하벽체 외부에 Bracket을 설치하고 상부의 매립토 하중으로 수압에 저항

② 구조물이 규모가 작은 경우에 사용

(6) 구조물의 설계 변경

① 지하구조물의 깊이를 상부로 높여 부상력을 줄임

② 지하층의 규모를 축소하여 부력에 저항

(7) 기타

① 인접구조물에 긴결하여 부력에 저항

② 지하층이 깊을 때 지하 중간부위층에 지하수 채움

[9] 검사랑

검사랑은 콘크리트 내부의 균열검사, 누수 및 배제, 양압력(揚壓力), 온도측정, 수축량의 검사 등을 위하여 설치한다.

1 검사랑의 목적

① 댐 시공 후 댐 관리상 예상된 사항 파악
② 콘크리트 내부의 균열검사
③ 누수 검사 및 배제
④ 양압력(揚壓力) 검사
⑤ 온도 측정
⑥ 수축량의 검사

〈검사랑 위치〉

〈검사랑 표준도〉

2 설계 · 시공 시 고려사항

(1) 하류 측의 수위를 감안
   밑부분에 설치하는 검사랑은 될 수 있으면 상류 측의 아래쪽에 설치하지만 하류 측의 수위를 감안해야 한다.

(2) 높은 댐은 대개 높이 30m마다 설치

(3) 높은 댐은 상하류 방향에 검사랑을 설치
   말단은 상류면에서 댐 두께의 2/3 정도의 위치로 한다.

(4) 검사랑(廊) 내의 배수를 위한 배수관 또는 배수 도랑을 설치

(5) 상류 면에서의 거리는 구멍 지름의 2배
   ① 검사랑의 주변에는 국부응력으로서 댐 자중(自重)에 의한 상하류 양측에 압축응력이 발생
   ② 수압에 의한 최대 압축응력 발생
   ③ 영향 범위는 구멍 지름(孔勁)의 1.5배 정도

[10] 유선망(Flow Net)

> 유선망이란 유선과 등수두선으로 이루어진 망을 말한다. 유선망의 작성목적은 침투수량, 간극수압, 동수경사, 침투수력을 결정하기 위함이다.

1 유선과 등수두선

① 유선 : 흙속을 침투하여 물이 흐르는 경로($\overline{AB}, \overline{BC}$)

② 등수두선 : 수두가 같은 점을 연결한 선($\overline{FG}$)

③ 유로 : 인접한 유선 사이에 낀 부분

④ 등수두면(등압면) : 등수두선 사이에 낀 부분

⑤ 침윤선 : 유선들 중에서 최상부의 유선

2 유선망의 특성

① 각 유로의 침투유량은 같다.

② 인접한 등수두선 간의 수두차는 모두 같다.

③ 유선과 등수두선은 서로 직교한다.

④ 유선망의 폭과 길이는 같다.(유선 망으로 구성된 사각형은 이론상 정사각형)

⑤ 동수경사 및 침투속도는 유선망 폭에 반비례한다.

〈유선망〉

3 유선망의 이용

① 침투수량 계산

② 침투수력 계산

③ 간극수압 계산

④ 동수경사(i) 결정

⑤ Piping 발생 여부

⑥ 손실수두 계산

[11] 침윤선(Seepage Line)

침윤선이란 하천제방이나 흙댐 등을 통해 물이 통과할 때 여러 유선들 중에서 최상부의 유선을 말하며 포물선으로 표시된다.

1 침윤선의 이용

① 제내지 배수층의 설치위치 파악

② 제방폭 결정

③ 제방의 거동파악

2 누수에 대한 안전성 검토

(1) 누수종류

지반누수, 제체누수

(2) 평가방법

① 침윤성 형상을 작성하여 침윤선의 위치를 확인하는 방법

② 침윤선이 제체 하부에 위치하여야 함

(3) 파이핑 검토방법

① 한계동수경사법, 침투압법

② 허용안전율

㉠ 한계동수경사법 : 3.0~4.0

㉡ 침투압법 : 2.0 이상임

〈침윤선을 저하시키는 방법〉

[12] 석괴댐의 프린스(Plinth)

프린스(Plinth)는 차수벽 선단에 설치하여 차수벽의 토대, 댐 기초와 차수벽 사이의 차수, Grout의 Gap 역할을 하는 구조물이다.

1 프린스(Plinth)의 기능

① 차수벽의 토대 역할

② 댐 기초와 차수벽 사이의 차수 역할

③ Grout의 Cap 역할

2 사용재료

(1) 철근콘크리트 재료 사용

(2) 규격

① 두께 : 50~80cm

② 폭

㉠ 경질지반 : 10m 정도

㉡ 연약지반 : 20m 정도

3 시공

① 부식성 없는 암반에 설치

② 앵커를 이용하여 암반에 밀착시킴

[13] Dam 기초 Grouting

Grouting 시공을 통해 댐 지반의 강도를 증가시키고, 변형 방지를 통하여 댐 저부 및 제체부의 차수성을 확보할 수 있으며, 충분한 조사를 실시하여 취약지반을 보강하기 위한 적합한 Grouting 공법을 적용해야 한다.

1 기초 Grouting의 목적

(1) 투수성 차단

① 양압력 저하

② 지반 파괴 방지

③ 제체 재료 유실 방지

④ 저수량 확보

(2) 지반의 역학적 성질 개선

① 지반 일체화

② 강도 증가

③ 변형 방지

〈Grouting의 종류〉

2 공법의 분류

(1) Consolidation Grouting

① 암반의 얕은 부분 절리 충전으로 지지력 증대

② 제체 접합부 지수성 향상

(2) Curtain Grouting

① 차수에 의한 저수효율 상승

② 기초 암반 안정

(3) Rim Grouting

① 댐 기초 지반의 지반 지지력 증대

② 지수성 향상

(4) Contact Grouting

착암부 공극

[14] 댐의 계측관리

댐 시공 중에 댐의 변형상태와 안정상태를 파악하고, 댐 완공 후에는 댐의 거동 상태를 감시하여 댐의 안전을 위한 적절한 대책을 강구하기 위하여 실시한다.

■ 계측의 목적

(1) 시공관리
   ① 콘크리트 내부온도 관리
   ② 그라우팅 시기 결정
   ③ 제체의 변형상태 측정
   ④ 지반의 과잉간극수압 측정

(2) 유지관리
   ① 양압력 측정
   ② 제체의 응력 변형 측정
   ③ 콘크리트 내부온도 관리
   ④ 누수량 측정
   ⑤ 댐의 거동상태 측정

② 계측항목

항목	측정 장소	측정 기기
침하	댐 정상부 및 사면 제체 내부	측별침하계, 연속침하계
댐 축방향 변형	댐 정상부 및 사면의 댐 축방향, 제체 내부 축방향	경사계, 수평변형측정기
댐 하류방향 변형	댐 정상부 및 사면의 상·하류방향, 제체 내부 상·하류방향	경사계, 수평변형측정기
간극수압	제체 내부 기초지반	간극수압계
누수량	제체 검사랑	누수량 측정장치

[15] Siphon

Siphon의 원리는 높은 쪽의 액체 면의 대기압 작용으로 높은 쪽의 액체가 관 안으로 밀어 올려져 낮은 쪽으로 흐르는 현상이다.

1 Siphon의 원리

① 관의 일부가 동수경사선 위에 있어야 함
② 관 내의 기압은 대기압보다 작아야 함
③ 관 내 새로운 공기의 유입이 없어야 함
④ Siphon 목부의 압력이 증기압보다 커야 함
⑤ 수두 차이가 0이 될 때까지 흐름

2 적용한계

(1) 이론적 한계
절대영압인 수두 10.3m

(2) 설계 적용 한계
안전을 고려하여 8.9m 정도

3 활용

(1) 관로 시스템
두 수조를 연결하는 관수로

(2) 댐의 여수로
Siphon형 여수로

MEMO

저자약력

한경보

| 약력 |
- 건설안전기술사
- 건축시공기술사
- 인하대학교 건축공학과 졸업
- 경기대학교 건축공학과 박사
- 경기대학교 공학대학원 주임교수
- (사)한국건설안전협회 회장
- 행정중심복합도시청 분양가 심의위원
- 국토부 사고조사위원
- 경기도 건축위원회 심의위원
- 성남시 건축위원회 심의위원
- 국방부 특별건설기술 심의위원
- 경기도 건축분야 민간감사관
- LH공사 설계자문위원
- 한국산업안전공단 자료개발위원
- 국토부, 노동부 초청 강사
- 건설안전분야 제도개선위원
- 용인시 도시공사 이사
- 용인시 시정연구원 이사

| 저서 |
- 「최신 건설안전기술사 Ⅰ·Ⅱ」(예문사)
- 「건설안전기술사 최신기출문제풀이」(예문사)
- 「최신 건설안전공학」(예문사)
- 「Keypoint 건설안전기술사(각종 공법)」(예문사)
- 「건설안전기술사 실전면접」(예문사)
- 「건설안전교육론」(예문사)
- 「재난안전 방재학 개론」(예문사)
- 「시설물의 구조안전진단」(예문사)
- 「건설안전기술사 핵심 문제」(예문사)
- 「No1. 건설안전기사 필기」(예문사)
- 「No1. 건설안전산업기사 필기」(예문사)
- 「No1. 산업안전기사 필기」(예문사)
- 「No1. 산업안전산업기사 필기」(예문사)

Willy.H

| 약력 |
- 건설안전기술사
- 토목시공기술사
- 서울중앙지방법원 건설감정인
- 한양대학교 공과대학 졸업
- 삼성그룹연구원
- 한국건설안전협회 국장
- 서울시청 전임강사(안전, 토목)
- 서울시청 자기개발프로그램 강사
- 삼성물산 강사
- 삼성전자 강사
- 롯데건설 강사
- 현대건설 강사
- 종로기술사학원 전임강사
- 포천시 사전재해영향성 검토위원
- LH공사 설계심의위원
- 대법원 · 고등법원 감정인

| 저서 |
- 「최신 건설안전기술사 Ⅰ·Ⅱ」 (예문사)
- 「건설안전기술사 최신기출문제풀이」 (예문사)
- 「재난안전 방재학 개론」 (예문사)
- 「건설안전기술사 핵심 문제」 (예문사)
- 「No1. 건설안전기사 필기」 (예문사)
- 「No1. 건설안전산업기사 필기」 (예문사)
- 「No1. 산업안전기사 필기」 (예문사)
- 「No1. 산업안전산업기사 필기」 (예문사)
- 「건설안전기술사 실전면접」 (예문사)
- 「Keypoint 건설안전기술사(각종 공법)」 (예문사)
- 「건설안전기술사 moderation」 (진인쇄)
- 「산업안전지도사 1차」 (예문사)
- 「산업안전지도사 2차」 (예문사)

강의안내

종로기술사학원 749 – 0010
- 정 규 반 : 매주 화요일 오후 7:00∼11:00
  　　　　　매주 토요일 오전 8:30∼12:00
- 용어해설반 : 매주 목요일 오후 7:00∼11:00
- 모의고사반 : 매주 토요일 오후 1:00∼5:00

문의

- e – mail : willy109572@gmail.com

건설안전기술사 실전면접

발행일 / 2014. 4. 1 초판 발행
2015. 4. 30 개정 1판1쇄
2019. 6. 28 개정 2판1쇄
2021. 9. 30 개정 3판1쇄

저 자 / 한경보 · Willy. H
발행인 / 정용수

발행처 / 예문사

주 소 / 경기도 파주시 직지길 460(출판도시) 도서출판 예문사
T E L / 031)955-0550
F A X / 031)955-0660
등록번호 / 11-76호

정가 : 20,000원

ISBN 978-89-274-4113-7   13530